雄安设计专业丛书

高质量发展背景下的中国特色桥梁创作

雄安新区桥梁设计征集作品集

河北雄安新区规划研究中心　编著

天津大学出版社
TIANJIN UNIVERSITY PRESS

图书在版编目（CIP）数据

高质量发展背景下的中国特色桥梁创作：雄安新区
桥梁设计征集作品集 / 河北雄安新区规划研究中心编著
. -- 天津：天津大学出版社，2021.11
　　（雄安设计专业丛书）
　　ISBN 978-7-5618-6934-5

Ⅰ.①高… Ⅱ.①河… Ⅲ.①城市规划 – 桥梁设计 –
作品集 – 雄安新区 – 现代 Ⅳ.①TU984.222.3

中国版本图书馆CIP数据核字(2021)第088410号

GAOZHILIANG FAZHAN BEIJING XIA DE ZHONGGUO TESE QIAOLIANG CHUANGZUO
XIONGAN XINQU QIAOLIANG SHEJI ZHENGJI ZUOPIN JI

策划编辑　韩振平
责任编辑　姜　凯
装帧设计　董秋岑　谷英卉

出版发行　天津大学出版社
地　　址　天津市卫津路92号天津大学内（邮编：300072）
电　　话　发行部：022 – 27403647
网　　址　www.tjupress.com.cn
印　　刷　北京华联印刷有限公司
经　　销　全国各地新华书店
开　　本　250mm × 285mm
印　　张　22 1/3
字　　数　328千
版　　次　2021年11月第1版
印　　次　2021年11月第1次
定　　价　225.00元

保持历史耐心和战略定力，高质量高标准推动雄安新区规划建设。

——习近平总书记在 2019 年 1 月 18 日京津冀协同发展座谈会上的讲话

编委

张玉鑫　葛　亮　曹　宇　赵丰东　王志刚　石　崧　李雪立　商　冉
尚立军　孙明正　周智伟　荆　涛　李　彤　蒋群峰　金　川　郭兆敏
王　科　武　斌　罗鹏飞　刘利锋　邓立红　张友明　张秋义　高　康
魏　山　郭明歌　杨　松　齐　斌　姚　旭　潘海霞　王海乾　李　晋
杨申武　简　正　侯斌超　冯　涛　钱国华　黄庆彬　董保强　张　岩
张振国　黄　瑶

顾问（按姓氏笔画排序）

刘琳琳　张　韵　张铁军　周　俭

编写人员

主　　编：葛　亮　张　为
副 主 编：宋力勋　张志学　张丽伟　冯小虎
内容统筹（按姓氏笔画排序）：
马学振　王柳博　牛涵爽　朱　挺　刘　轶　刘占强　刘波涛　关英健
杨　漾　肖艳明　吴琛泰　张　浩　张　继　张　曦　周兆前　单保涛
胡欣欢　窦占旭

技术支撑（按姓氏笔画排序）

马　亮　马宝成　王一莹　王祥臻　仇　月　伊　然　刘　勇　刘志方
刘梦柳　闫紫薇　严　江　李田野　杨晴晴　谷原野　狄兆华　汪　胜
张　沛　张　亮　张　楠　张全喜　张炜昊　张胤翀　陈　静　陈仁杰
金　铖　周　青　郑涵顿　姜　碧　姜超慧　袁　展　钱　坚　徐云龙
栾　奕　高文轶　高冰丽　郭　浩　郭晓晨　黄黎晨　曹　猛　曾于舒
温南南　路　畅　解伟强

著作权人

河北雄安新区规划研究中心

参编单位

河北雄安新区规划研究中心
雄安城市规划设计研究院有限公司
东方国际集团广告展览有限公司

　　设立河北雄安新区，是以习近平同志为核心的党中央深入推进京津冀协同发展作出的一项重大决策部署，雄安新区是继深圳经济特区和上海浦东新区之后又一具有全国意义的新区，设立雄安新区是重大的历史性战略选择，是千年大计、国家大事。

　　雄安新区秉持完善生态功能，构建蓝绿交织、清新明亮、水城共融、集约紧凑发展的生态城市布局，建设天蓝、地绿、水秀美丽家园的规划定位，以及顺应自然、随形就势，科学构建城市组团布局的要求，规划构建了合理级配、功能完善的城市道路系统，并打造多条与城市景观廊道融合的城市桥梁风景线。未来，桥梁就像镶嵌在道路网络上的珍珠，闪耀着她独特的光芒。

　　河北雄安新区管理委员会组织的"高质量发展背景下的中国特色雄安桥梁设计方案征集"活动意义重大，是以桥梁为载体，全方位提升城市空间品质、展现新时代的"人文自然交响曲"的有益尝试。桥梁既是道路的一部分，也是城市空间重要的节点，更是城市风貌体系中的重要元素；桥梁与我们每一个人的生活密切相关，她代表着跨越阻隔、路途畅达，她沟通了河的两岸，承载着滚滚的车流，联系着城市的各个区域；随着人们对美好生活的追求不断提升，更多的因素影响着新一代桥梁的设计和建造，而非单纯的结构体系与结构计算，她提供了一种公共服务功能，在日常生活中，向人们展示着她的存在，为不论是走在桥上抑或驻足在桥的周边的人们都提供了新的视角。正因如此，人们对桥梁的安全、通达、美观、经济、耐久的要求越来越高，为迎接这一挑战，工程师、建筑师、艺术家、景观及灯光设计师通力合作，来建造桥梁这一公共建筑。

　　雄安新区建设以坚持"世界眼光、国际标准、中国特色、高点定位"，创造"雄安质量"，成为新时代推动高质量发展的样板为目标，以本次桥梁方案征集为契机，雄安桥梁未来必将会打造形成具有中国特色的世界级城市桥梁建筑景观风貌。

张韵（全国工程勘察设计大师、雄安新区规划评议专家）

赵跃辉（全国工程勘察设计大师）

设立河北雄安新区，是以习近平同志为核心的党中央深入推进京津冀协同发展作出的一项重大决策部署，雄安新区是继深圳经济特区和上海浦东新区后又一具有全国意义的新区，设立雄安新区是重大的历史性战略选择，是千年大计、国家大事。

按照党中央、国务院对《河北雄安新区规划纲要》《河北雄安新区总体规划（2018—2035年）》的批复精神，高起点规划、高标准建设雄安新区，要牢固树立和贯彻落实新发展理念，按照高质量发展要求，着眼建设北京非首都功能疏解集中承载地，创造"雄安质量"和打造推动高质量发展的全国样板，建设现代化经济体系新引擎，坚持世界眼光、国际标准、中国特色、高点定位，坚持生态、绿色发展，坚持以人民为中心，注重保障和改善民生，坚持保护和弘扬中华优秀传统文化，延续历史文脉，推动雄安新区实现更高水平、更有效率、更加公平的可持续发展，将雄安新区建设成为绿色生态宜居新城区、创新驱动发展引领区、协调发展示范区、开放发展先行区，努力打造贯彻落实新发展理念的创新发展示范区。

在京津冀协同发展领导小组的有力领导下，根据河北省委省政府的总体工作部署，深入落实《河北雄安新区规划纲要》《河北雄安新区总体规划（2018—2035年）》相关要求，塑造"中华风范、淀泊风光、创新风尚"的城市风貌，围绕"中西合璧、以中为主、古今交融"的建筑特色要求，充分发挥桥梁在城市空间形象塑造中的重要作用，组织开展了"高质量发展背景下的中国特色雄安桥梁设计方案征集"活动。本次方案征集活动，旨在汇集全球智慧，集思广益、博采众长，充分拓展设计思路，提高方案的创新性、开放性，把雄安桥梁打造为彰显中国特色、体现雄安质量、展示新区风貌的精品桥梁，更好地推动雄安新区建设成为高水平社会主义现代化城市，成为高质量发展的全国样板。

"高质量发展背景下的中国特色雄安桥梁设计方案征集"活动分为专业组和公众组两部分。专业组对启动区的39座桥梁、容东片区的14座桥梁以及昝岗片区的6座桥梁进行国际方案征集。报名通道开启后，得到了境内外110家知名设计单位的积极响应。经过角逐，16组入围单位皆按设计任务书要求提交了高品质、高水准的设计成果。公众组针对启动区的10座标志性和典型性桥梁开展征集活动，累计收到153组设计作品。

本书用四个章节叙述了雄安新区桥梁设计征集活动的过程和设计成果。第一章为征集活动背景及要求，完整叙述了本次活动的整体背景、活动过程、设计要求、对桥梁设计的总体要求。并对启动区A组B组、容东片区、昝岗片区和启动区公众竞赛的具体要求分别进行说明；第二章和第三章分别为专业组与公众组征集成果展示，将专业组优秀作品以及公众组优秀作品一一呈现，并附上所有组别的获奖名单；第四章为专家点评，节选了各组别部分专家的点评。

雄安新区桥梁设计征集工作开展以来，按照千年大计、国家大事的要求，建立了国际视野下的开门规划工作方式，积累了大量的国际案例、设计方案、规划成果与研究经验，这些案例、方案、成果、经验等是一笔宝贵的财富和全球智慧的结晶。本书作为雄安设计专业丛书之一，旨在将相关成果进行梳理、汇编、总结、提炼，有利于学习、交流、传承，提升雄安新区规划、设计和建设、管理水平，创造"雄安质量"，同时为国内外相关建设实践，专业人士、城市管理者和相关专业从业人员学习教育等提供借鉴参考。

鉴于编者眼界和水平，疏漏之处在所难免，敬请读者不吝指正。在此，一并感谢所有参与此项工作的领导、专家、学者和社会各界人士。

——编者

目录

第一章

征集活动背景及要求

中国特色社会主义进入新时代，以习近平同志为核心的党中央高瞻远瞩、深谋远虑，科学作出了设立河北雄安新区的重大决策部署，明确了雄安新区规划建设的指导思想、功能定位、建设目标、重点任务和组织保障，为高起点规划、高标准建设雄安新区提供了根本遵循、指明了工作方向。

雄安新区的规划建设，充分展示出中华文明的开放性、包容性，同时也彰显出新时代的中国自信。新区坚持高起点规划，高标准建设，从规划纲要、总体规划，到控制性详细规划与城市设计，层层传导，一脉相承，坚持生态优先、绿色发展，坚持以人民为中心，注重保障和改善民生，坚持保护弘扬中华优秀传统文化、延续历史文脉，确保"一张蓝图干到底"，创造"雄安质量"，使雄安新区成为推动高质量发展的全国样板。

1.1 征集活动回顾

征集活动背景

高标准高质量规划建设雄安新区，是在中国特色社会主义进入新时代、深入推进京津冀协同发展的大背景下，习近平总书记亲自谋划、亲自决策、亲自推动的一项历史性工程。河北雄安新区地处北京、天津、保定腹地，区位优势明显，交通便捷通畅，地质条件稳定，生态环境优良，资源环境承载能力较强，现有开发程度较低，发展空间充裕，具备高起点高标准开发建设的基本条件。雄安新区是北京非首都功能疏解集中承载地，与北京城市副中心形成北京发展新的两翼，共同承担起解决北京"大城市病"的历史重任，有利于探索人口经济密集地区优化开发新模式。

为贯彻党中央、国务院对雄安新区规划纲要和总体规划的批复精神，根据河北省委雄安新区规划建设工作领导小组有关工作部署，组织开展了高质量发展背景下的中国特色雄安桥梁设计方案征集，对雄安新区启动区、容东片区、昝岗片区的 59 座重要桥梁进行设计方案征集和公众竞赛，汇集全球智慧，集思广益，博采众长，打造雄安质量标杆。

征集活动回顾

为打造雄安新区桥梁精品，提升城市空间品质，培育城市文化品牌，河北雄安新区管理委员会、河北雄安新区规划研究中心，以及上海国际招标有限公司、东方国际集团广告展览有限公司共同组织了"高质量发展背景下的中国特色雄安桥梁设计方案征集"活动。活动自 2020 年 1 月开始筹划，克服全球疫情带来的重重困难，历时 6 个多月，已经圆满结束。

本次方案征集活动分为专业组和公众组两部分。专业组征集主要面向具备一定专业资质的设计机构，对启动区的 39 座桥梁、容东片区的 14 座桥梁以及昝岗片区的 6 座桥梁进行国际方案征集。专业组于 2020 年 1 月 16 日正式开启专业组报名通道，得到了包括德国、美国、澳大利亚、法国、英国、荷兰、瑞士、西班牙、加拿大等国家共 110 家知名设计单位的积极响应。启动区专业组和容东昝岗专业组分别有 66 组和 44 组设计单位报名，总计收到 95 份申请文件，其中启动区专业组 59 份，容东昝岗专业组 36 份。经过 5 个多月的角逐，16 组入围单位皆按设计任务书要求提交了高品质、高水准的设计成果。经过评审委员会缜密评审后，于 6 月 5 日确定了最终评审结果。

公众组竞赛针对启动区的 10 座标志性和典型性桥梁，广泛发动广大民众参与方案设计。竞赛活动于 3 月 24 日 14 时至 4 月 16 日 24 时开放公开报名通道，5 月 12 日 24 时截止设计作品收集。活动前期进行了广泛的宣传推广，得到众多专业设计师、专业院校师生以及设计爱好者的关注，共计收到 225 名申请人的有效在线报名，累计收到 153 组设计作品。5 月底，公众组方案终期评审会召开，会议邀请了 7 名建筑、桥梁、城市设计等领域的权威专家组成专家组，以独立打分方式评选出了一等奖 1 名、二等奖 2 名、三等奖 3 名、优秀奖 5 名，以及最佳组织奖 1 名、最佳创意奖 1 名、参与奖 20 名。

专业组征集活动时间轴

2020.1.16 开启专业组报名通道

2020.1.23 共 110 组设计单位报名，并领取了资格预审文件

2020.1.31 资格预审申请文件接收截止，共收到 95 份申请文件

2020.2.21 召开资格预审评审会

2020.3.10 召开项目启动会

2020.3.31 召开容东专业组、启动区专业 B 组的中期汇报会

2020.4.1 召开昝岗专业组、启动区专业 A 组的中期汇报会

2020.4.17 召开城市设计方案的讲解会

2020.5.12 所有应征人递交最终成果

2020.5.18 召开容东专业组、启动区专业 B 组的最终汇报会

2020.5.19 召开昝岗专业组、启动区专业 A 组的最终汇报会

2020.6.5 "雄安桥梁设计方案征集活动"公众号公布专业组获奖名单

2020.6.18 召开专业组线上颁奖典礼

2020.8.23 "雄安桥梁设计方案征集活动"线下成果展示

公众组征集活动时间轴

2020.3.24 开启公众组报名通道

2020.4.16 共计收到 225 名申请人的有效在线报名

2020.4.18 向申请人发送参赛文件

2020.5.12 设计作品征集截止，累计收到 153 组设计作品

2020.5.20—24 评审专家方案预审

2020.5.29 召开公众组终审评审会

2020.6.2 "雄安桥梁设计方案征集活动"公众号公布公众组获奖名单

2020.6.9 召开公众组竞赛活动线上颁奖典礼

2020.8.23 "雄安桥梁设计方案征集活动"线下成果展示

1.2 设计总体要求

为充分发挥桥梁在城市空间形象塑造中的重要作用，组织开展本次桥梁方案征集活动，征集优秀的桥梁设计方案。旨在汇集全球智慧、集思广益、博采众长，充分拓展设计思路，提高方案的创新性、开放性，塑造彰显中国特色、时代特征的桥梁风貌，更好地推动雄安新区建设成为高水平社会主义现代化城市，成为高质量发展的全国样板。

应征人应围绕如下 5 项内容展开设计工作。

（1）桥梁设计方案应充分贯彻《河北雄安新区规划纲要》《河北雄安新区总体规划（2018—2035 年）》的指导思想，其中启动区的桥梁设计方案以启动区控制性详细规划及城市设计成果的相关要求作为基本依据；容东片区的桥梁设计方案以容东片区控制性详细规划及城市设计、悦容公园景观方案、容东东侧绿廊概念规划的相关要求作为基础依据；昝岗片区的桥梁设计方案以昝岗片区控制性详细规划及城市设计、涞河谷（新盖房分洪道）总体方案的相关要求作为基础依据。

（2）在桥梁景观风貌方面，启动区应注重营造桥梁的城市空间形态，打造"中西合璧、以中为主、古今交融"的建筑风貌，塑造"中华风范、淀泊风光、创新风尚"的城市风貌。桥梁设计应注重和谐统一，桥梁应与其周边环境和建筑风貌相呼应，同一组团及视觉通廊上的桥梁也应互相呼应，于变化中求统一，总体与个性相协调；桥梁造型应美观、大方，避免怪异、夸张。容东片区应根据其规划要求，打造以生活居住功能为主的"宜居宜业、协调融合、绿色智能"综合性功能区，突出"方正灵动、城园共生"的城市空间形态，展现新时代容东片区"美好生活进行曲"。昝岗片区应结合其作为北京非首都功能疏解的重要承载区，创新驱动、站城一体的发展示范区，蓝绿交织、宜居宜业、绿色智能的现代化城区的定位，以桥梁为载体，形成具有片区特色的桥景城市意象，展现新时代昝岗片区"人文自然交响曲"。

（3）充分考虑同一水系上或较近区域内多座桥梁景观形态的协调性和丰富性。形成和谐有序又独具特色、丰富多元的桥梁序列。充分考虑桥梁与周边建筑、公园、绿地等城市要素的协调性，展现桥园一体、人文鲜明、宜居宜业的当代城市面貌。设计方案应具有良好的美观性，应着重考虑桥梁的总体造型景观设计，打造美观新颖、比例协调、细节考究、富有艺术性的特色桥梁。

（4）在桥梁功能方面，桥梁设计方案应满足交通功能性要求，满足机动车、非机动车和人行通行要求，满足桥下通航和行洪等相关规范要求。

（5）在桥梁技术方面，鼓励采用新颖的结构形式和景观造型，创新的实践新理念、新材料、新工艺，体现时代创新精神，结构设计方案应安全、耐久、环保、经济，体现结构美。

1.3 专业组桥梁方案征集要求

启动区桥梁方案征集要求（A 组）

征集范围

本次启动区桥梁方案征集 A 组为"中华圆舞曲桥梁序列"，选择环金融岛地区的典型桥梁共 20 座，其中人行桥 3 座，车行桥 17 座。

桥梁基本参数

启动区 A 组桥梁基本设计参数

桥梁编号	参考长度（米）	所在道路宽度（米）	所在道路等级	通行要求
A-1	东段：25 西段：25	16	堤顶路	桥下有通航要求，南河枢纽设计最高通航水位 7.5 米，净空 5.1 米
A-2	210	44	主干路	桥下客船航道，净空 3～3.5 米
A-3	1900	—	慢行道路	桥下客船航道，净空 3～3.5 米
A-4	280	18	支路	桥下客船航道，净空 3～3.5 米
A-5	230	44	主干路	桥下客船航道，净空 3～3.5 米
A-6	250	18	支路	桥下客船航道，净空 3～3.5 米
A-7	230	44	主干路	桥下客船航道，净空 3～3.5 米
A-8	190	32	次干路	桥下客船航道，净空 3～3.5 米
A-9	260	18	支路	桥下客船航道，净空 3～3.5 米
A-10	310	40	主干路	桥下客船航道，净空 3～3.5 米
A-11	320	40	主干路	桥下客船航道，净空 3～3.5 米
A-12	260	32	次干路	桥下客船航道，净空 3～3.5 米
A-13	290	32	次干路	桥下客船航道，净空 3～3.5 米
A-14	230	44	主干路	桥下客船航道，净空 3～3.5 米
A-15	510	32	次干路	桥下客船航道，净空 3～3.5 米
A-16	190	—	慢行道路	桥下客船航道，净空 3～3.5 米
A-17	320	40	主干路	桥下客船航道，净空 3～3.5 米
A-18	520	—	慢行道路	桥下客船航道，净空 3～3.5 米
A-19	西段：260 东段：170	40	主干路	西段：桥下客船航道，净空 3～3.5 米 东段：桥梁上跨慢行绿道，净空 2.5 米
A-20	400	44	主干路	桥下客船航道，净空 3～3.5 米

注：1. 桥梁长度仅供参考，由应征人根据实际条件确定；
 2. A-3 和 A-18 分别为位于荷韵湾、金融岛附近的慢行道路。应征人可综合考虑景观和交通功能，分段采用地面道路或桥梁形式，进行路桥一体化设计。

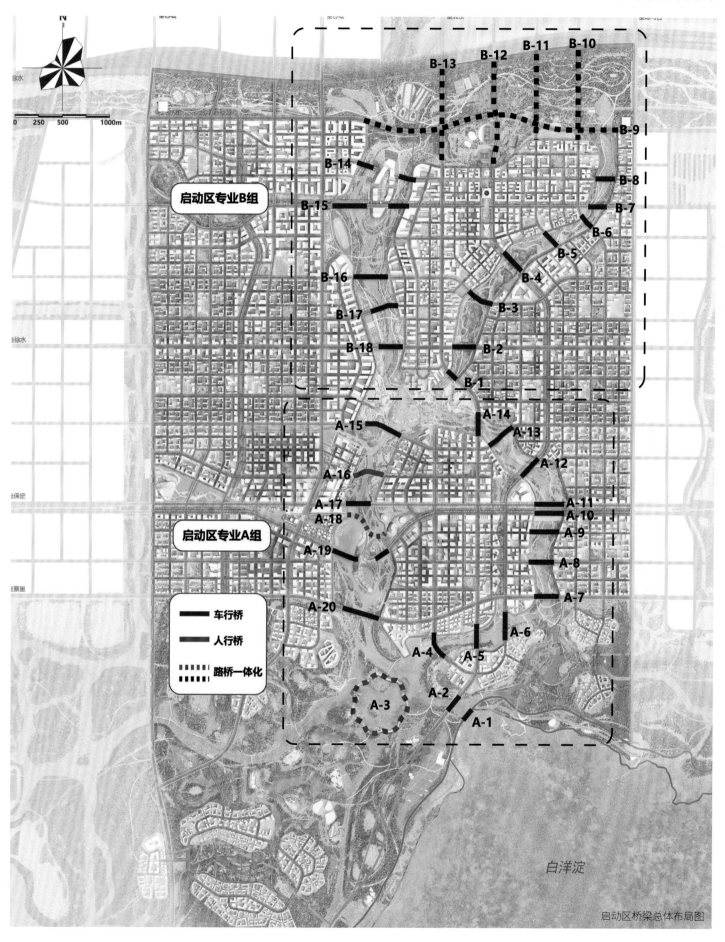

启动区桥梁总体布局图

启动区功能布局

通过南北向中央绿谷串联，集中布局城市核心功能。以"双谷"生态廊道为骨架，以城市绿环串联六个社区，形成"一带一环六社区"的城市空间结构。"一带"即中部核心功能带，沿中央绿谷自北向南集中布局科学园、大学园、互联网产业园、创新坊、金融岛、总部区和淀湾镇等特色城市片区，形成启动区核心功能片区；中央绿谷结合周边用地功能，形成创新展示、文化娱乐、聚会交流和休闲游憩的多样活力空间。"一环"即城市绿环，建设宽度 40~100 米的环形城市公园，融合城市水系和慢行系统，串联各复合型社区中心，形成约 18 千米的城市公共生活休闲带。"六社区"即六个综合型城市社区，布局丰富多样的居住和就业创新空间，建设便捷的绿色出行系统和宜人的公共活动空间，构筑 15 分钟生活圈。

成果要求

1. 分阶段成果要求

(1) 中期成果：桥梁序列总体意象鸟瞰图、桥梁概念设计方案（手绘草图、效果图形式不限）。

(2) 最终成果：应包括设计成果和汇报成果。

设计成果：包含方案设计文本、设计图纸和模型。

汇报成果：包括汇报演示成果、动画多媒体（不限）和图板。

2. 方案设计文本成果

方案设计文本成果内容应包括但不限于总体设计思路及设计理念、桥梁序列总体布局方案、桥梁建筑景观设计方案、桥梁初步结构方案、造价匡算等。采用 A3 图幅装订。

3. 设计图纸

应包括但不限以下图纸内容。

启动区 A 组桥梁图纸明细表

图纸名称	中期成果	最终成果
桥梁序列总体平面布置图（不小于 1:1000）	○	√
桥梁序列总体意象鸟瞰图	√	√
桥梁概念设计方案图（所有桥梁）	√ （手绘草图、效果图形式不限）	√
单体桥梁鸟瞰图（所有桥梁）（相邻桥梁可合并一张内展示）	○	√
单体桥梁关键视点（车视、人视）效果图（所有桥梁）	○	√（夜景不限）
单体桥梁总体布置图（平面、剖面、立面）	○	√
桥梁方案主体结构设计图（上、下部结构）	○	○ （复杂特殊结构形式具备）

注：1. "√"表示必选内容，"○"表示可选内容；
　　2. 以上图纸为主要图纸，设计单位可根据设计需要适当调整图纸内容及图纸比例，总平面图和总体鸟瞰图满足 A0 图幅清晰度。

4. 模型

要求至少包含 3 个分区域桥梁序列整体模型，大小约 1.5 米 ×4.5 米，比例 1:500~1:750；不少于 8 个典型单体桥梁 3D 打印模型，长度 0.3~0.5 米，材质不限。模型须在提交投标最终成果文件后、专家评标前 3 个工作日提交至指定地点。

5. 汇报成果

汇报以 PPT（幻灯片）形式为主，动画多媒体不限。成果需提供反映文字说明和图纸内容、效果图的报告 12 套，统一规格为 A3 大小（297 mm×420 mm），同时制作平装 A4 简本 6 套（能够表达主要设计成果和核心内容的精简版文本）。

6. 图板

A0 展示图板 10~15 张：图纸须裱在 A0 尺寸的轻质展板上。同一展板上可展示数张图纸，也可将数张展板拼接展示一张图纸。每张图纸展板的右下角用阿拉伯数字编号排序。

7. 成果文件格式

应征人须提交与其所递交的设计文本及图纸内容一致的电子文件，其中文本文件使用 .doc 格式 (Microsoft Office 系列)，演示或介绍文件使用 .ppt 格式 (Microsoft Office 系列)，图纸使用 .dwg 格式 (Autodesk CAD 系列)，透视图或鸟瞰图使用 .jpg 或 .3ds max 格式，效果图像文件的长边不小于 6000pixels，采用最高质量压缩。

8. 终期成果要求

最终成果需提供反映文字说明和图纸内容、效果图的报告 12 套，统一规格为 A3 大小（297 mm×420 mm），同时制作平装 A4 简本 6 套（能够表达主要设计成果和核心内容的精简版文本）；并提供成果光盘 3 套，应包含上述说明、图纸、模型、简本、展板（A0 大小）和汇报文件电子版内容。

启动区桥梁方案征集要求（B 组）

征集范围

本次启动区桥梁方案征集 B 组为"未来畅想曲桥梁序列"，选择北部科创区的 19 座典型桥梁，均为车行桥。

桥梁基本参数

启动区 B 组桥梁基本设计参数

道路及桥梁编号	参考长度（米）	所在道路宽（米）	所在道路等级	通行要求
B-1	120	44	主干路	上跨慢行绿道，净空 2.5 米
B-2	210	44	主干路	上跨慢行绿道，净空 2.5 米
B-3	200	32	次干路	上跨慢行绿道，净空 2.5 米
B-4	260	32	次干路	上跨慢行绿道，净空 2.5 米
B-5	180	28	次干路	上跨慢行绿道，净空 2.5 米
B-6	130	32	次干路	上跨慢行绿道，净空 2.5 米
B-7	190	32	次干路	上跨慢行绿道，净空 2.5 米
B-8	210	32	次干路	上跨慢行绿道，净空 2.5 米
B-9	3700	44	主干路	部分位置上跨慢行绿道，净空 2.5 米
B-10	870	28/32	次干路	部分位置上跨慢行绿道，净空 2.5 米
B-11	780	28	次干路	部分位置上跨慢行绿道，净空 2.5 米
B-12	860	28/32	次干路	部分位置上跨慢行绿道，净空 2.5 米
B-13	1100	44	主干路	部分位置上跨慢行绿道，净空 2.5 米
B-14	西段：170 东段：140	32	次干路	上跨慢行绿道，净空 2.5 米
B-15	西段：340 东段：130	32	次干路	上跨慢行绿道，净空 2.5 米
B-16	380	32	次干路	上跨慢行绿道，净空 2.5 米
B-17	360	18	支路	上跨慢行绿道，净空 2.5 米
B-18	310	44	主干路	上跨慢行绿道，净空 2.5 米
B-19	40	32	次干路	—

注：1. 桥梁长度仅供参考，由应征人根据实际条件确定；
2. B-9、B-10、B-11、B-12、B-13 为启动区北部道路，处于荣乌快速廊道生态景观片区，应征人可综合考虑景观和交通功能，分段采用地面道路或桥梁形式，进行路桥一体化设计。

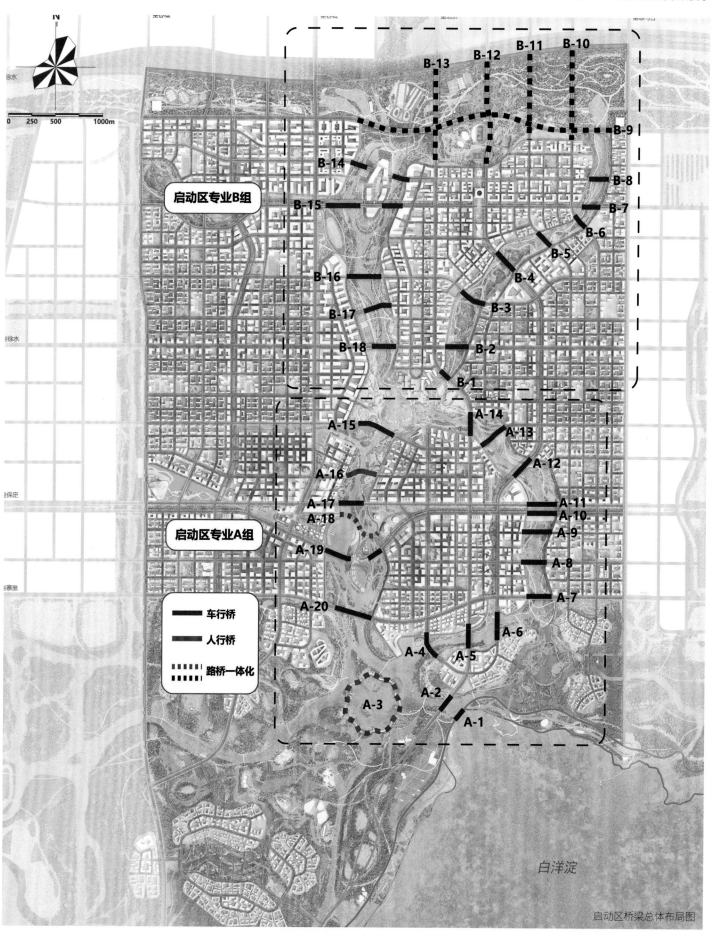

启动区桥梁总体布局图

启动区功能布局

通过南北向中央绿谷串联，集中布局城市核心功能。以"双谷"生态廊道为骨架，以城市绿环串联六个社区，形成"一带一环六社区"的城市空间结构。"一带"即中部核心功能带，沿中央绿谷自北向南集中布局科学园、大学园、互联网产业园、创新坊、金融岛、总部区和淀湾镇等特色城市片区，形成启动区核心功能片区；中央绿谷结合周边用地功能，形成创新展示、文化娱乐、聚会交流和休闲游憩的多样活力空间。"一环"即城市绿环，建设宽度 40~100 米的环形城市公园，融合城市水系和慢行系统，串联各复合型社区中心，形成约 18 千米的城市公共生活休闲带。"六社区"即六个综合型城市社区，布局丰富多样的居住和就业创新空间，建设便捷的绿色出行系统和宜人的公共活动空间，构筑 15 分钟生活圈。

成果要求

1. 分阶段成果要求

(1) 中期成果：桥梁序列总体意象鸟瞰图、桥梁概念设计方案（手绘草图、效果图形式不限）。

(2) 最终成果：应包括设计成果和汇报成果。

设计成果：包含方案设计文本、设计图纸和模型。

汇报成果：包括汇报演示成果、动画多媒体（不限）和图板。

2. 方案设计文本成果

方案设计文本成果内容应包括但不限于总体设计思路及设计理念、桥梁序列总体布局方案、桥梁建筑景观设计方案、桥梁初步结构方案、造价匡算等。采用 A3 图幅装订。

3. 设计图纸

应包括但不限以下图纸内容。

启动区 B 组桥梁图纸明细表

图纸名称	中期成果	最终成果
桥梁序列总体平面布置图（不小于 1:1000）	○	√
桥梁序列总体意象鸟瞰图	√	√
桥梁概念设计方案图（所有桥梁）	√ （手绘草图、效果图形式不限）	√
单体桥梁鸟瞰图（所有桥梁）（相邻桥梁可合并一张内展示）	○	√
单体桥梁关键视点（车视、人视）效果图（所有桥梁）	○	√（夜景不限）
单体桥梁总体布置图（平面、剖面、立面）	○	√
桥梁方案主体结构设计图（上、下部结构）	○	○ （复杂特殊结构形式具备）

注：1. "√"表示必选内容，"○"表示可选内容；
　　2. 以上图纸为主要图纸，设计单位可根据设计需要适当调整图纸内容及图纸比例，总平面图和总体鸟瞰图满足 A0 图幅清晰度。

4. 模型

要求至少包含 3 个分区域桥梁序列整体模型，大小约 1.5 米 ×4.5 米，比例 1:500~1:750；不少于 8 个典型单体桥梁 3D 打印模型，长度 0.3~0.5 米，材质不限。模型须在提交投标最终成果文件后、专家评标前 3 个工作日提交至指定地点。

5. 汇报成果

汇报以 PPT（幻灯片）形式为主，动画多媒体不限。成果需提供反映文字说明和图纸内容、效果图的报告 12 套，统一规格为 A3 大小（297 mm×420 mm），同时制作平装 A4 简本 6 套（能够表达主要设计成果和核心内容的精简版文本）。

6. 图板

A0 展示图板 10~15 张 : 图纸须裱在 A0 尺寸的轻质展板上。同一展板上可展示数张图纸，也可将数张展板拼接展示一张图纸。每张图纸展板的右下角用阿拉伯数字编号排序。

7. 成果文件格式

应征人须提交与其所递交的设计文本及图纸内容一致的电子文件，其中文本文件使用 .doc 格式 (Microsoft Office 系列)，演示或介绍文件使用 .ppt 格式 (Microsoft Office 系列)，图纸使用 .dwg 格式 (Autodesk CAD 系列)，透视图或鸟瞰图使用 .jpg 或 .3ds max 格式，效果图像文件的长边不小于 6000pixels，采用最高质量压缩。

8. 终期成果要求

最终成果需提供反映文字说明和图纸内容、效果图的报告 12 套，统一规格为 A3 大小（297 mm×420 mm），同时制作平装 A4 简本 6 套（能够表达主要设计成果和核心内容的精简版文本）；并提供成果电子光盘 3 套，应包含上述说明、图纸、模型、简本、展板（A0 大小）和汇报文件内容。

容东片区桥梁方案征集要求

征集内容

根据容东片区空间规划布局，选择重要节点的 14 座桥梁进行方案征集，14 座桥梁整体分布呈现"两轴一连"的空间形态。1#、2#、3# 桥梁从北向南依次分布于容东组团西侧的悦容公园，悦容公园南承起步区中轴，北接绿博园，东西向贯通容东、容城组团，是重要的生态园林廊道和城市活力核心。公园从北向南分三区，1# 桥梁以北为北苑，1#、2# 桥梁中间为中苑，2# 桥梁以南为南苑。北苑景观主旨为林泉得趣，自然朴风，体现拙朴之趣，规划有松风园、桃花园和环翠园；中苑景观主旨为大地诗画、园林集萃，体现园林艺术之美，规划有白塔园、拾溪园、芳林园和清音园；南苑景观主旨为山水续轴，景苑胜概，体现共享之乐，规划有曲水园和燕乐园，3# 桥梁位于曲水园和燕乐园之间。1#、2#、3# 桥梁方案要凸显中华风范，端庄典雅，又要融入秀美景苑，宛若自然。尤为特别的是，1# 桥梁包括省道 S333 跨悦容公园水系的一座桥和悦容公园跨省道 S333 的一座生态跨线桥，两座桥距离较近，桥梁方案应统筹考虑。生态跨线桥需满足省道 S333 通行净空要求，满足一级园路、慢跑道交通功能要求，坡度不应大于 6%，覆土厚度大于 1.5 米，整体造型应与悦容公园北苑、中苑山脉连成一体，保证山脉南北延续，为省道 S333 通行车辆营造穿越山脊之感。4#~10# 桥梁沿容东片区金湖公园横向展开。金湖公园是集庆典活动、文化旅游、游憩休闲、运动健身、活力运动、养生康体、游学科普等于一体，人文意境鲜明的重要文化休闲度假公园，是新区百姓宜居宜业美好生活的重要体现。以"美好生活进行曲"为主题，该区域的桥梁方案应突出人文、景观及展示的作用，并充分考虑慢行、游行系统。11#、12#、13# 桥梁由北向南分布于容东绿廊，14# 桥梁位于容东片区南侧。容东绿廊兼具城市园林和郊野公园特色，西侧是容东组团，东侧是新区门户京雄高速，桥梁景观应与生态廊道风貌、周围建筑风貌相融合，并应特别注重塑造新区门户形象。征集活动分为方案设计和方案优化，对悦容公园和金湖公园内 1#、2#、3#、7#、8# 桥梁进行方案设计；对其余 9 座桥梁（已有结构设计成果）进行方案优化，在保持现有桥梁总体方案、结构形式基本不变的情况下进行建筑景观优化设计。

方案设计桥梁基本设计参数

桥梁编号	跨越障碍物宽度（米）	桥梁所在道路宽度（米）	桥梁所在道路等级	桥下通行要求
1#	50	40	主干路（S333）	上跨 1 条自行车道
	40	72	生态跨线桥	上跨省道 S333
2#	40	40	主干路	无
3#	33	40	主干路	无
7#	90+35	18	支路	上跨 2 条慢行绿道
8#	80+40	18	支路	上跨 2 条慢行绿道

方案优化桥梁基本设计参数

桥梁编号	桥长（米）桥型	桥梁在道路宽度（米）	桥梁所在道路等级	桥下通行要求
4#	3×19.96 简支刚接空心板	32	次干路	上跨 2 条慢行绿道
5#	3×19.96 简支刚接空心板	18	支路	上跨 2 条慢行绿道
6#	3×19.96 简支刚接空心板	18	支路	上跨 1 条慢行绿道
9#	3×20 上承式拱桥	28	次干路	上跨 2 条慢行绿道
10#	4×20 装配式空心板	40	主干路	上跨 2 条慢行绿道
11#	9×30+(3×35+25)+ 9×30 预应力混凝土箱梁	40	主干路	上跨京雄高速
12#	13+16+13 装配式空心板	32	次干路	无
13#	4×20、10+16+10 装配式空心板	40	主干路	上跨 1 条慢行绿道
14#	3×20 上承式拱桥	40	主干路	上跨 1 条慢行绿道

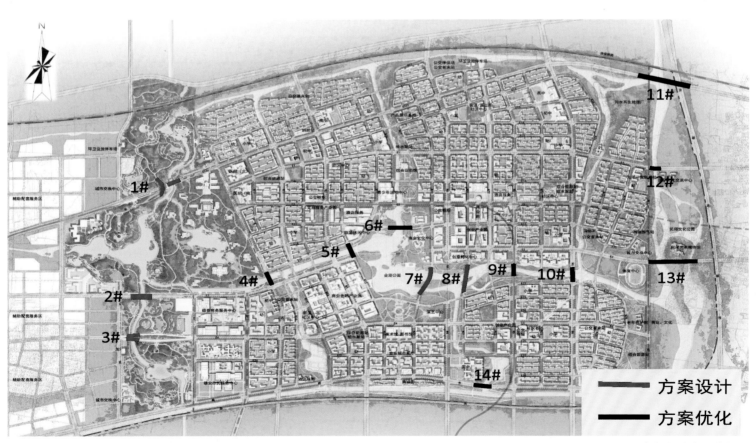

容东片区桥梁总体布局图

组团空间结构

容东片区进行桥梁方案征集的 14 座桥梁分布区域从西向东依次是悦容公园、容东片区控详规红线范围和容东绿廊。其中容东片区控详规红线范围空间规划呈现"一园四区"的空间结构。"一园",即在片区中心规划建设约 100 公顷的金湖公园,围绕公园打造生态与文化兼容的公共活力空间;"四区",即依托金湖公园延展蓝绿交织的生态网络,形成四个职能各有侧重的生活居住区。西南区以政务、金融、商务、数字设计产业、商业和居住功能为主;西北区以商务、商业、旅游配套服务和居住功能为主;东南区以工业设计、电子商务、传统产业市场营销和居住功能为主;东北区以创新企业孵化、时尚设计、高端高新产业、商业和居住功能为主。

成果要求

1. 分阶段成果要求

(1)中期成果:桥梁序列总体意象鸟瞰图、桥梁概念设计方案(手绘草图、效果图形式不限)。

(2)最终成果:应包括设计成果和汇报成果。

设计成果:包含方案设计文本、设计图纸和模型。

汇报成果:包括汇报演示成果、动画多媒体和图板。

2. 方案设计文本成果

方案设计文本成果内容应包括但不限于总体设计思路及设计理念、桥梁序列总体布局方案、桥梁建筑景观设计方案、桥梁初步结构方案、造价匡算等。采用 A3 图幅装订。

3. 设计图纸

应包括但不限以下图纸内容。

容东片区桥梁图纸明细表

图纸名称	中期成果	最终成果
桥梁序列总体平面布置图(不小于 1:1000)	○	√
桥梁序列总体意象鸟瞰图	√	√
桥梁概念设计方案图(所有桥梁)	√ (手绘草图、效果图形式不限)	√
单体桥梁鸟瞰图(所有桥梁)(相邻桥梁可合并一张内展示)	○	√
单体桥梁关键视点(车视、人视)效果图(所有桥梁)	○	√(夜景不限)
单体桥梁总体布置图(平面、剖面、立面)	○	√
桥梁方案主体结构设计图(上、下部结构)	○	○ (复杂特殊结构形式具备)

注:1."√"表示必选内容,"○"表示可选内容;
2. 以上图纸为主要图纸,设计单位可根据设计需要适当调整图纸内容及图纸比例,总平面图和总体鸟瞰图满足 A0 图幅清晰度。

4. 模型

不少于 5 个典型单体桥梁 3D 打印模型，长度 0.3~0.5 米，材质不限。

模型须在提交投标最终成果文件后、专家评标前 3 个工作日提交至指定地点。

5. 汇报成果

汇报以 PPT（幻灯片）形式为主，动画多媒体不限。成果需提供反映文字说明和图纸内容、效果图的报告 12 套，统一规格为 A3 大小（297 mm×420 mm），同时制作平装 A4 简本 6 套（能够表达主要设计成果和核心内容的精简版文本）；并提供成果电子光盘 2 套。

6. 图板

A0 展示图板 10~15 张：图纸须裱在 A0 尺寸的轻质展板上。同一展板上可展示数张图纸，也可将数张展板拼接展示一张图纸。每张图纸展板的右下角用阿拉伯数字编号排序。

7. 成果文件电子版格式

应征人须提交与其所递交的设计文本及图纸内容一致的电子文件，其中文本文件使用 .doc 格式 (Microsoft Office 系列)，演示或介绍文件使用 .ppt 格式 (Microsoft Office 系列)，图纸使用 .dwg 格式 (Autodesk CAD 系列)，透视图或鸟瞰图使用 .jpg 或 .3ds max 格式，效果图像文件的长边不小于 6000pixels，采用最高质量压缩。

8. 终期成果要求

最终成果需提供反映文字说明和图纸内容、效果图的报告 6 套，统一规格为 A3 大小（297 mm×420 mm），要求双面打印；并提供成果电子光盘 3 套，应包含上述说明、图纸、简本、展板（A0 大小）和汇报文件内容。

昝岗片区桥梁方案征集要求

征集内容

　　昝岗片区共选择 6 座桥梁进行方案征集，其中 1#、2# 桥梁位于雄安站东侧市民乐活公园，3#、4#、5# 桥梁位于昝岗片区西南侧涞河谷（新盖房分洪道）上，6# 桥梁位于 K1 快速路上。位于涞河谷上的 3 座桥梁设计方案应充分考虑河谷特征，考虑堤底堤顶高差、河谷洪水期泄洪需求等因素，桥梁方案选型以自然人文为主题，依托开阔的涞河谷生态景观，桥梁序列与草甸河滩、雨虹公园、乡野田园等分段景观意象和谐共融，也可适当考虑远期涞河谷上桥梁

序列和谐统一，形成以桥梁序列空间为基调的新时代自然人文交响曲。 1#、2#、6# 桥梁位于昝岗组团内城市服务区和宜居生活区，桥梁方案可结合"城绿交融、宜人雅致，文韵灵透、亲切温馨"的区块风貌，与周边环境、建筑风貌相协调，随"景"而安，积极塑造既具有历史元素，又具有新时代开放创新元素的理念。针对尚处于规划阶段的跨涞河谷和市民乐活公园的 1#、2#、3#、4# 座桥梁进行方案设计；针对已有结构设计成果的雄安站西侧干路跨涞河谷 5# 桥梁和 K1 线快速路跨水系 6# 桥梁，在保持现有桥梁总体方案、结构形式基本不变的情况下进行建筑景观优化设计。

方案设计桥梁基本设计参数

桥梁编号	跨越障碍物宽（米）	桥梁所在道路宽度（米）	桥梁所在道路等级	桥下通行要求
1#	45	44	主干路	上跨 2 条慢行绿道
2#	37	44	主干路	上跨 2 条慢行绿道
3#	1700	44	主干路	满足洪水期泄洪需求
4#	1100	44	主干路	满足洪水期泄洪需求

方案优化桥梁基本设计参数

桥梁编号	桥长（米）桥型	桥梁所在道路宽度（米）	桥梁所在道路等级	通行要求
5#	3×(3×40) +(52.5+95+61)+ (5×(3×40)+(4×40)+5×(3×40)) + (61+95+52.5) + (40+40) 装配式预应力混凝土小箱梁 预应力混凝土连续梁	44	主干路	满足洪水期泄洪需求
6#	3×16 钢筋混凝土（后张）简支 （桥面连续）T 梁	50	城市快速路	无

1#

2#

5#

6#

4#

3#

特色性桥梁（设计）
特色性桥梁（优化）

昝岗片区桥梁总体布局图

空间结构

昝岗组团规划延续总体规划和淀东片区空间格局，突出绿色、智能、创新理念，统筹布局生产、生活、生态等各类功能，形成"一轴一带、多核联动"的空间结构。"一轴"即依托高铁站和地铁 M1 线形成的城市核心功能轴；"一带"即沿生态廊道和轨道交通廊道形成的城市产业发展促进带；"多核联动"即依托轴带串联的城市功能核心、生态核心和城市功能片区。

涞河谷（新盖房分洪道）位于昝岗组团西南侧，主要为解决大清河上游洪水而建，顺接上游多条河流（南拒马河、北拒马河、白沟河）和东侧的东淀区域，直通渤海。

成果要求

1. 分阶段成果要求

（1）中期成果：桥梁序列总体意象鸟瞰图、桥梁概念设计方案（手绘草图、效果图形式不限）。

（2）最终成果：应包括设计成果和汇报成果。

设计成果：包含方案设计文本、设计图纸和模型。

汇报成果：包括汇报演示成果、动画多媒体和图板。

2. 方案设计文本成果

方案设计文本成果内容应包括但不限于总体设计思路及设计理念、桥梁序列总体布局方案、桥梁建筑景观设计方案、桥梁初步结构方案、造价匡算等。采用 A3 图幅装订。

3. 设计图纸

应包括但不限以下图纸内容。

昝岗片区桥梁图纸明细表

图纸名称	中期成果	最终成果
桥梁序列总体平面布置图（不小于 1:1000）	○	√
桥梁序列总体意象鸟瞰图	√	√
桥梁概念设计方案图（所有桥梁）	√ （手绘草图、效果图形式不限）	√
单体桥梁鸟瞰图（所有桥梁）（相邻桥梁可合并一张内展示）	○	√
单体桥梁关键视点（车视、人视）效果图（所有桥梁）	○	√（夜景不限）
单体桥梁总体布置图（平面、剖面、立面）	○	√
桥梁方案主体结构设计图（上、下部结构）	○	○ （复杂特殊结构形式具备）

注：1. "√"表示必选内容，"○"表示可选内容；
2. 以上图纸为主要图纸，设计单位可根据设计需要适当调整图纸内容及图纸比例，总平面图和总体鸟瞰图满足 A0 图幅清晰度。

4. 模型

不少于 5 个典型单体桥梁 3D 打印模型，长度 0.3~0.5 米，材质不限。

模型须在提交投标最终成果文件后、专家评标前 3 个工作日提交至指定地点。

5. 汇报成果

汇报以 PPT（幻灯片）形式为主，动画多媒体不限。成果需提供反映文字说明和图纸内容、效果图的报告 12 套，统一规格为 A3 大小（297 mm×420 mm），同时制作平装 A4 简本 6 套（能够表达主要设计成果和核心内容的精简版文本）；并提供成果电子光盘 2 套。

6. 图板

A0 展示图板 10~15 张：图纸须裱在 A0 尺寸的轻质展板上。同一展板上可展示数张图纸，也可将数张展板拼接展示一张图纸。每张图纸展板的右下角用阿拉伯数字编号排序。

7. 成果文件电子版格式

应征人须提交与其所递交的设计文本及图纸内容一致的电子文件，其中文本文件使用 .doc 格式 (Microsoft Office 系列)，演示或介绍文件使用 .ppt 格式 (Microsoft Office 系列)，图纸使用 .dwg 格式 (Autodesk CAD 系列)，透视图或鸟瞰图使用 .jpg 或 .3ds max 格式，效果图像文件的长边不小于 6000pixels，采用最高质量压缩。

8. 终期成果要求

最终成果需提供反映文字说明和图纸内容、效果图的报告 6 套，统一规格为 A3 大小（297 mm×420 mm），要求双面打印；并提供成果电子光盘 3 套，应包含上述说明、图纸、简本、展板（A0 大小）和汇报文件内容。

1.4 公众组桥梁方案征集要求

启动区桥梁方案征集公众组竞赛要求

征集范围

本次公众组竞赛选择启动区环金融岛地区及北部科创区标志性和典型性桥梁共 10 座，其中车行桥 8 座，人行桥 2 座。

桥梁基本设计参数

编号	参考长度（米）	所在道路宽度（米）	所在道路等级	通行要求
1	310	40	主干路	桥下客船航道，净空 3～3.5 米
2	320	40	主干路	桥下客船航道，净空 3～3.5 米
3	260	32	次干路	上跨慢行绿道，净空 2.5 米
4	西段：340 东段：130	32	次干路	上跨慢行绿道，净空 2.5 米
5	360	18	支路	上跨慢行绿道，净空 2.5 米
6	510	32	次干路	桥下客船航道，净空 3～3.5 米
7	190	—	慢行道路	桥下客船航道，净空 3～3.5 米
8	320	40	主干路	桥下客船航道，净空 3～3.5 米
9	西段：300 东段：80	—	慢行道路	西段桥下客船航道，净空 3～3.5 米
10	西段：260 东段：170	40	主干路	西段：桥下客船航道，净空 3～3.5 米 东段：上跨慢行绿道，净空 2.5 米

注：桥梁长度仅供参考，由应征人根据桥梁跨越的障碍物情况（水系、绿道等）以及建筑景观设计需求确定。

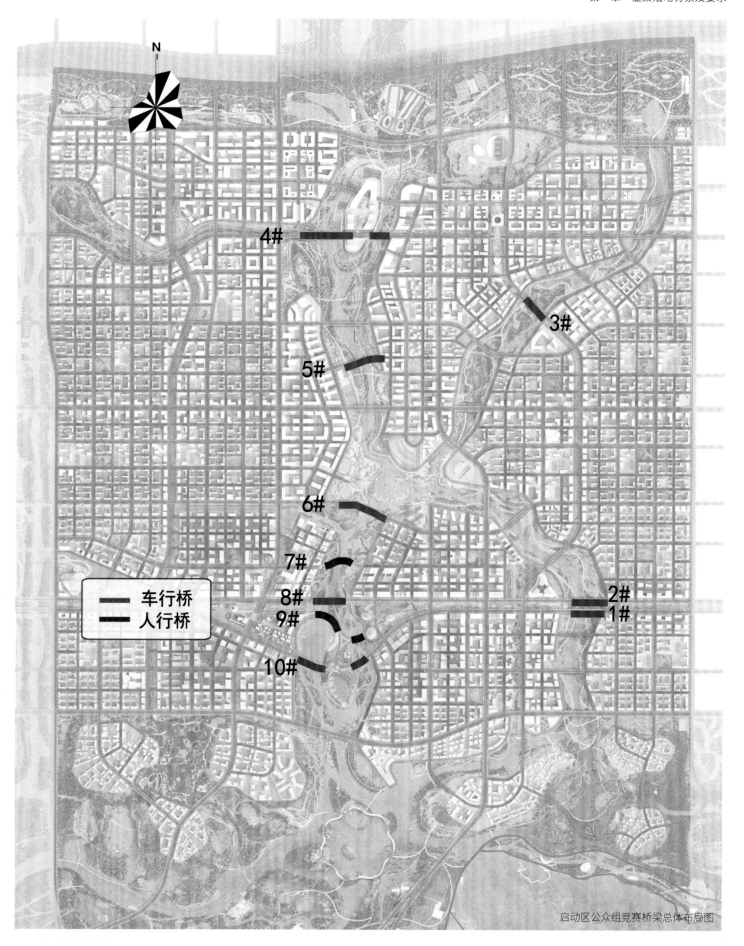

N

4#

3#

5#

6#

7#

8#
9#

10#

2#
1#

车行桥
人行桥

启动区公众组竞赛桥梁总体布局图

启动区功能布局

通过南北向中央绿谷串联，集中布局城市核心功能。以"双谷"生态廊道为骨架，以城市绿环串联六个社区，形成"一带一环六社区"的城市空间结构。"一带"即中部核心功能带，沿中央绿谷自北向南集中布局科学园、大学园、互联网产业园、创新坊、金融岛、总部区和淀湾镇等特色城市片区，形成启动区核心功能片区；中央绿谷结合周边用地功能，形成创新展示、文化娱乐、聚会交流和休闲游憩的多样活力空间。"一环"即城市绿环，建设宽度 40~100 米的环形城市公园，融合城市水系和慢行系统，串联各复合型社区中心，形成约 18 千米的城市公共生活休闲带。"六社区"即六个综合型城市社区，布局丰富多样的居住和就业创新空间，建设便捷的绿色出行系统和宜人的公共活动空间，构筑 15 分钟生活圈。

成果要求

1. 方案设计文本成果

方案设计文本成果内容应包括总体设计思路及设计理念、桥梁建筑景观设计方案、桥梁结构方案（特殊复杂桥型所必需的）等。采用 A3 版面的电子文件方式递交。

2. 设计图纸

应包括但不限以下图纸内容。

桥梁图纸明细表

图纸名称	要求
桥梁概念设计方案图	√（手绘草图、效果图形式不限）
单体桥梁鸟瞰图（不少于 1 张）	○
单体桥梁关键视点（车视、人视）景观效果图	○
单体桥梁总体布置图（平面、剖面、立面）	√
桥梁方案主体结构设计图（上、下部结构）	○（复杂特殊结构形式具备）

注：1. "√"表示必选内容，"○"表示可选内容；
　　2. 以上图纸为主要图纸，可根据设计需要适当调整图纸内容及设置图纸比例，采用 A3 图幅。

第二章

专业组优秀作品

依据《河北雄安新区规划纲要》《河北雄安新区总体规划（2018—2035 年）》的指导思想，充分落实启动区、容东片区和昝岗片区控制性详细规划及城市设计成果相关要求。承接具有中国特色的设计理念，充分挖掘历史文脉，从空间形态、文化主题、景观美化等方面对桥梁建筑进行整体构思和系统安排，充分注重与周边建筑和景观的协调一致，营造和谐多元的桥梁空间序列，创造富有中国文化特色和创新时代特征的城市意象。

本章对专业组优秀作品进行汇编。选取了启动区 A 组 B 组的一、二等奖作品及入围作品，容东片区、昝岗片区优胜奖作品及入围作品，展示优秀作品设计方案、设计理念及获奖团队介绍，并附上各组获奖名单。

2.1 专业组优秀作品

一等奖

中国圆舞曲

团队成员：周牧、Maarten Van de Voorde、贺广民、陈重、杨冰、刘庆仁、刘彦琢、赵新华、顾伟、高阳、高翔、沈铮、李俊彩、Ronald van Nugteren、 Juan Figueroa Calero、Perry Maas、何以纯（He Yichun）、Christian Dobrick、刘晓俊（Liu Xiaojun）

参赛组别：启动区专业组 A 组

参赛人（团队）：北京市市政工程设计研究总院有限公司（牵头人）、West 8 urban design & landscape architecture B.V. 联合体

获奖团队简介

北京市市政工程设计研究总院有限公司

北京市市政工程设计研究总院有限公司（以下简称"北京市政总院"）创建于 1955 年，具有工程设计综合甲级资质，是以咨询设计为主业、具备覆盖工程项目全生命周期综合技术服务能力的现代咨询设计集团。

北京市政总院在城市基础设施、建筑与城市景观、城市地下空间及综合管廊等领域具有行业领军的综合实力。是中国勘察设计协会市政工程设计分会会长单位。致力于服务国家战略及首都功能定位，项目遍及 31 个国家和地区，覆盖超过 200 个城市，以全球化的高端视野，致力于国内领先、国际一流的现代城市一体化综合技术服务。

秉承"创新、诚信、和谐、卓越"的企业精神，"用心、奉献、共享、尊重"，以"让城市更美好"为使命，共建城市可持续发展的明天。

West 8 urban design & landscape architecture B.V.

West 8 是一家获得众多国际大奖的城市规划和景观设计事务所，1987 年成立于荷兰鹿特丹。作为艺术、城市规划与生态景观设计中的代表，30 多年来在创始人 Adriaan Geuze 先生的领导下，West 8 已经发展成为国际领先的设计公司，拥有一支由 70 名建筑师、城市设计师、景观建筑师和工业设计师组成的团队。

自成立以来， West 8 的作品一直定位于国际级水准，开发的项目遍布世界各地，包括纽约、莫斯科、伦敦、马德里、多伦多、柏林、米兰、上海、香港、北京、首尔等。很多项目都成为所在国家或城市的标志性重点项目，为 West 8 带来非凡的国际声誉。

West 8 曾获得包括国际城市及景观设计金奖、罗马大奖、荷兰 Maaskant 奖、Rosa Barba 欧洲景观设计大奖、Veronica Rudge Green 城市规划奖以及荷兰 Bijhouwer 景观建筑突出贡献奖等在内的百余项国际奖项。

设计说明

随着雄安新区的高标准高质量规划建设推进，启动区作为雄安新区率先建设区域，桥梁的规划设计迫在眉睫，其中环金融岛地区的桥梁更是重中之重。

考虑了雄安新区的城市规划、桥梁周边的城市空间形态，桥梁功能和桥梁技术等多方面条件，本设计提出了环金融岛20座桥梁的可行方案。其中根据"中华圆舞曲"的主题，形成了6组呼应城市和自然环境的桥梁序列主题，包括典型车行桥梁与3座标志性人行桥梁。

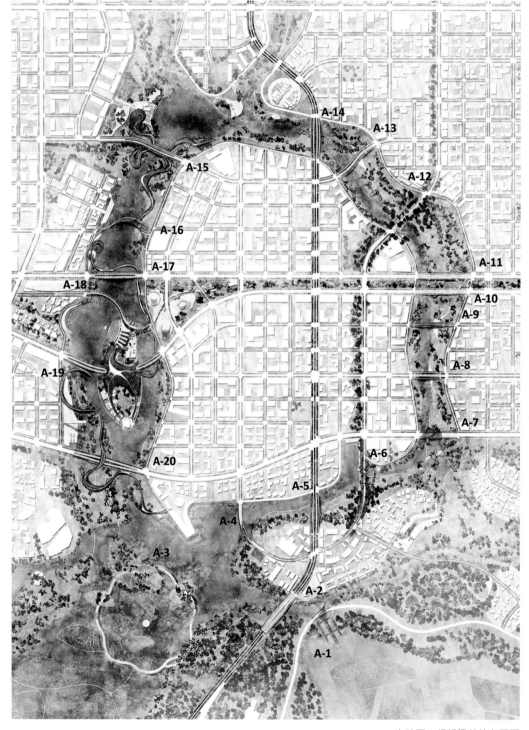

启动区 A 组桥梁总体布局图

设计理念——中国圆舞曲

在全球化已不可逆转的今天，地域性和民族性又重新成为设计的原点。回应一座城市的独特语境，用技术经验和设计眼光，将人们共同的历史、回忆、人生经验与未来相联系，才是演绎中国圆舞曲这一恒久命题的当代勇气。

（1）中国人的城市呼应中国人的生活方式。自古以来，桥梁是中国社会生活的联系纽带，是人们回忆中闪光点所处的舞台，是人与自然沟通的工具。

（2）中国元素在其间含蓄抽象地运用。避免以一时风尚为导向，以符合桥梁在城市中扮演角色的恒久性要求。

（3）桥梁的结构设计逻辑，如音乐一般符合数学规律。这20座桥梁均跨越广阔的城市景观带，严谨而多变的结构秩序，体现了圆舞曲舒缓而有规律的节奏美。

（4）桥梁设计的细节，将体现圆舞曲的轻松之感。不同于叙事宏大的交响诗篇，即便是冰冷的金属和混凝土，通过圆润的细节处理，望之也给人以亲切柔和之感。

A-1 号淀泊桥眺望图

A-3 号荷淀桥桥上观戏图

A-16 号蜂飞蝶舞桥桥上观河图

A-18 号凤凰桥明珠湖鸟瞰图

重点桥梁方案说明

音乐之桥
——A-3 号桥 | 荷韵环廊

桥梁群位于启动区东南部，连接金融岛与云麓镇，荷韵湾东北侧。桥梁南侧为云麓镇商业服务业综合用地及二类综合用地，北侧为金融岛商业服务业综合用地。桥梁位于城市文化功能区内。桥梁处于临淀湾区，西南侧为荷韵湾，为市民提供了一处富有中国文化精神的活动与休憩场所，也为南部文化小镇增添了一个亮点，起到"画龙点睛"的关键作用。

桥梁南侧与北侧均为特殊风貌区。桥梁北端为重要公共空间照明区和智能照明一级建设区，南端有重要公共空间照明区；道路照明三级控制。

这座桥的灵感来自中国传统园林中的回廊，形状来源于荷叶的造型。它串起着城南湿地中的不同生境类型，是周边三个生态小镇的空间核心。附近的居民和游客自发地来到这里，在芦苇丛、在林间、在水面上、在公园里码头上，举行音乐舞蹈兴趣活动。中央的小岛是为夏季水上音乐会预留的舞台，而整座桥则是环绕舞台 360 度的观众席。

参考长度：1900 米

道路等级：慢行道路

设计长度：1900 米

桥面宽度：15 米

桥面纵坡：＜2.5%

通航要求：桥下客船航道，净空 3~3.5 米

涝水位标高：8.0 米

常水面宽度：/

常水位标高：6.5~7.0 米

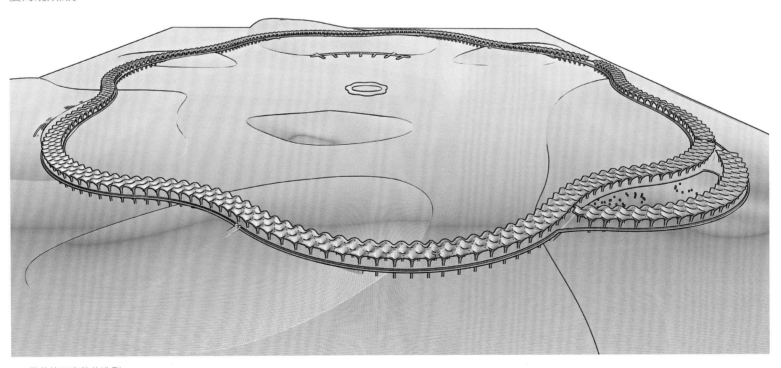

A-3 号荷韵环廊整体造型

A-3 号荷韵环廊荷韵图

A-3 号荷韵环廊百花图

艺术之桥
——A-18 号桥 | 凤凰廊桥

整座桥如传统的风雨桥，由穹顶覆盖，在雄安城际站、博物馆区和湖心岛上的露天剧场之间建立起逻辑联系。

中西建筑史上一项悠久的传统就是用精美的艺术作品装点最重要文化建筑的天花板。这座桥将自己的穹顶转化为画布。桥梁的天顶内侧将镶嵌世界上最大的马赛克壁画。

这是一幅绵延无尽的画作，与明珠湾、博物馆区和启动区的城市景色融为一体。只有当你走入其间，才会被它的美丽和辉煌所震撼。

在湖心岛，桥顶变成了一个大型的屋顶广场，可以举办市集、文化演出和大型展览。启动区最重要的庆典将在这里举行。

参考长度：500 米

道路等级：步行道

桥面纵坡：＜4%

通航要求：桥下客船航道，净空 3~3.5 米

涝水位标高：8.0 米

常水面宽度：200 米

常水位标高：6.5~7.0 米

A-18 号凤凰廊桥鸟瞰图

A-18 号凤凰廊桥廊桥长卷图

自然之桥

——A-16 号桥 | 蜂飞蝶舞桥

桥梁位于启动区中部，连接金融岛与总部商务区。桥梁位于城市文化功能区内，东南侧有一处西阳村村址公园，为二级保护遗址。该桥梁位于区域绿道上，东侧规划一处绿道驿站。桥梁东西侧均为特殊风貌区；周边建筑材料组合以暖灰色和中性色调为主。桥梁东西端均为重要公共空间照明区和智能照明一级建设区；桥下生态廊道为重要公共空间照明区。

A-16 号桥是万步花桥的核心与高潮，花与蜜的盛宴到这里成为一场彻底的狂欢。与其说它是一座联系城市街区的交通设施，不如说它是一座跨越水面的立体公园。望向水面和公园的巨大开口带来了令人惊叹的景色互动。

框架结构

A-16 人行桥横跨河面部分长度约为 30m，桥面最宽处约为 9.5m，最窄处约为 6m。桥体纵向结构柱跨度约为 2m，横向根据宽度按照受力需求设置。

桥面通过在结构柱之间设置横、纵框架梁进行承托。结构柱整体结构为圆形，与建筑风格相匹配，同时也减小了水流对桥柱的冲刷作用。因建筑造型采用飘带形式，桥面宽、窄不一，结构质量分布明显不均匀，在地震作用下桥面较窄的位置因整体地震力较大，偏于薄弱。因此考虑通过控制桥面开洞的方式，使桥面较宽位置的通行面积与较窄位置匹配，减小整体的地震作用。桥面开洞位置周边设置环形框架梁，减小桥面的不均匀变形。结构体系的特点如下。

（1）人行桥采用框架结构形式，结构体系简洁，传力直接、明确。

（2）结构柱跨度分布较为均匀，结构构件尺寸经过合理优化可以与建筑造型融为一体。

（3）通过设置桥面开洞，在不改变建筑造型风格的前提下，丰富了建筑景观功能，也减少了结构质量，使结构设置能够更为合理，受力更为平衡。

（4）采用参数化控制桥面曲线空间定位，有助于后期施工模板搭设。

参考长度：190 米

所在道路宽度：/

道路等级：慢行道路

设计长度：280 米

桥面宽度：14~40 米

主桥面纵坡：2.5%（局部可达 8%）

通航要求：桥下客船航道，净空 3~3.5 米

蓝线宽度：260~560 米

涝水位标高：8.3 米

常水面宽度：20~30 米

常水位标高：6.5~7.0 米

A-16 号蜂飞蝶舞桥鸟瞰图

A-16 号蜂飞蝶舞桥桥下空间图

十里花颂

——A-15,17,19,20 号桥 | 万步花桥序列

花与蜜的狂欢

全长 2.2 千米的蜜源植被生态带，裹挟着其间的人行道，将十方花颂序列中的 6 座桥梁以及城市会客厅序列中的 1 座桥梁，与桥下的河流、公园以及城市缠绕在一起。季节性的花朵竞相开放。这座蝴蝶与鲜花的天堂，正在为下一个季节的城市生态多样性创造出丰饶的未来。桥梁在这里变形为大自然，而大自然则与城市紧紧相连。

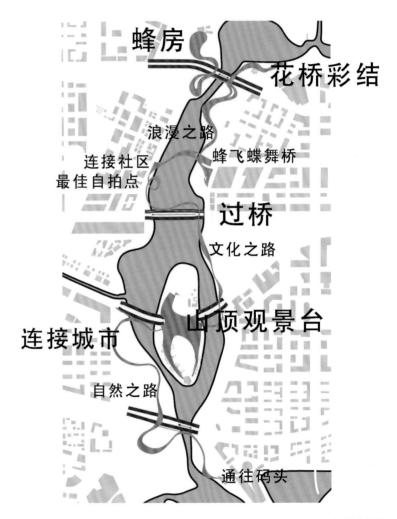

蜂房

花桥彩结

浪漫之路

连接社区
最佳自拍点

蜂飞蝶舞桥

过桥

文化之路

山顶观景台

连接城市

自然之路

通往码头

万步花桥序列

A-15 号彩带桥鸟瞰图

A-15 号彩带桥桥下空间图

A-4 号苇桥眺望图

A-5 号京雄大桥眺望图

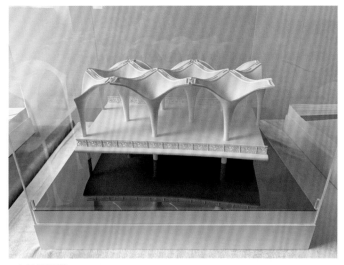

A-3 号桥模型

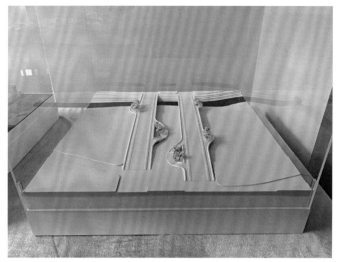

A-10,11 号桥模型

A-1 号桥模型

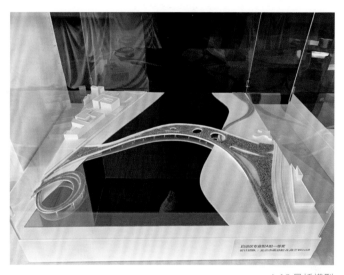

A-16 号桥模型

A-6 号桥模型

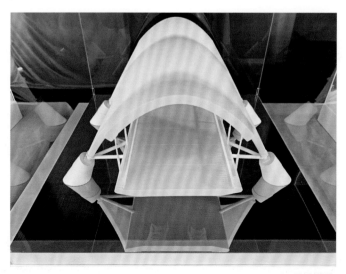

A-18 号桥模型

启动雄安·静谧绿桥

团队成员： Mr. Matthew Potter、Mr. Jim Eyre、Mr. Mark Chan 陈凯丰、
Mr. Laurence Chan 陈逸岚、Mr. Dong Chen 陈栋

参赛组别： 启动区专业组 A 组

参赛人（团队）： Wilkinson Eyre Asia Pacific Limited（威尔金森艾尔）

获奖团队简介

Wilkinson Eyre Asia Pacific Limited

　　威尔金森艾尔是国际知名的建筑设计事务所，作品遍
布世界各地，项目屡获殊荣。公司总部位于伦敦，并以中
国香港作为亚洲区分部。

　　我们的设计和能力在国际上获得广泛认可，除得到
媒体、公众和专业人士的好评外，建筑作品更屡获殊荣。
我们曾以麦格纳科学馆工程以及盖茨海德千禧桥这两个项
目，史无前例地蝉联英国建筑最高荣誉——英国皇家建筑
师协会的斯特林建筑大奖（2001 及 2002）；而我们在中国
内地的第一个建成作品——广州国际金融中心，于 2011
年荣获年度超高层建筑（亚太区）最佳建筑奖；同期的新
加坡滨海湾花园则在 2012 年荣获 "亚洲最佳设计" 奖项，
以及世界建筑节颁发的年度世界最佳建筑奖。

整体鸟瞰图

设计说明

　　雄安新区启动区 A 组桥梁设计成果包括典型桥梁共 20 座，其中人行桥 3 座，车行桥 17 座。

　　东西向的主干道的桥梁由 A-10、A-11、A-17、A-19 号桥组成，是启动区的东西轴线主要构件之一。

　　南北轴线由 A-2、A-5、A-14 号桥组成，途中经过众多中小型商业、居住及绿化空间，旅客能快速体验雄安新区的都市风貌。

　　A-7、A-20 号桥位于金融岛南端，途经一众居住及商业综合用地以及城市绿环，可视为生活气息浓厚的城市次轴。

　　A-13、A-15 号桥位于金融岛北端，把创科中心、都市客厅、文萃苑等都市地标连接，成为一道多元化的城市轴线。

　　A-4、A-6、A-12 号桥为启动区都市绿环的重要部分，负责将北部的绿环系统延伸到南部白洋淀区域。

　　A-8、A-9 号桥注重文化艺术与亲水沿岸画廊、博物馆、文创区等文化气息浓厚的配套。

　　A-16 和 A-18 号桥连接明珠河两岸的大型公共空间，疏导人流之外也形成城市观景之一。

　　A-3 号桥漂浮在众多岛屿之上，将兰亭小镇与生态堤线区域连接一起，让多条悠闲小径得以延伸。

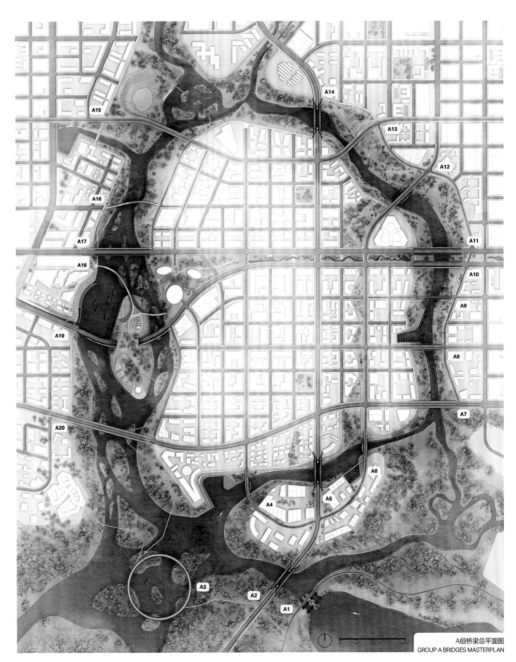

A 组桥梁总平面图
GROUP A BRIDGES MASTERPLAN

启动区 A 组桥梁总体布局图

设计理念

　　雄安新区是中国当代最为重要的城市规划及设计项目，而起步区的空间意像融合了城、水、林、田、淀等特色自然要素。桥梁作为城市基建，兼备功能与展示性的特质，因此我们以此为出发点，以创新的思维，应对中国新城市与桥梁设计应有的互动关系。

　　我们以谦虚的态度分析城市、自然与桥梁的关系，以统一、和谐为设计原则，主导二十道桥梁的设计。设计基调采用优雅简洁的几何拱形，在形式上互相扶持，避免各桥梁争妍斗艳，达到一致

的总体效果；各桥因场地特征与滨水关系，在拱形基调上产生形态的差异，增添独特的空间元素，如袋型庭园、观赏平台等，丰富城市路线的体验。

　　我们设计的桥梁歌颂与各方面的联系，包括金融岛与周边的连接，桥体与景观之间的交流，自然与人造物之间的融合，日与夜，新与旧，快与慢，协助雄安新区成为一个融入大自然与民生，可持续发展的全新目的地。

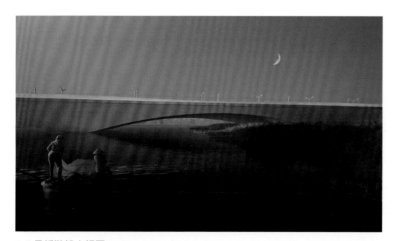

A-7 号桥游船人视图

A-13 号桥人视图

A-18 号桥桥体效果图

A-7 号桥中央绿谷鸟瞰图

重点桥梁方案说明

东西轴线

A-10/11/17/19 号桥组成启动区东西轴线的主要构件，将南北两旁的商业用地及西面的城际高速站连接。这组标志性桥梁的设计概念来自涟漪——点点生命跨过平静的水面泛起层层涟漪，也象征活泼的朝气和生活气息外扩到整个城市。主桥体由三道简单几何形桥拱支撑横跨水系，优雅简洁的同时表现出尊重匠心和工艺技术的追求。桥拱顺序呈现矮至高之势，衬托都市天际线的变化。

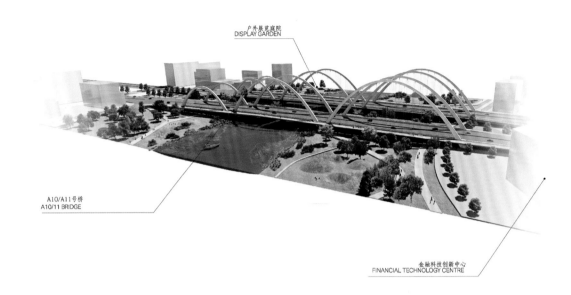

户外展览庭院
DISPLAY GARDEN

A10/A11号桥
A10/11 BRIDGE

金融科技创新中心
FINANCIAL TECHNOLOGY CENTRE

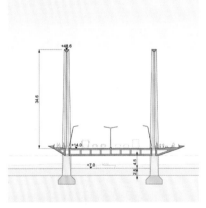

桥 Bridge	标示长度（米） Indicative Length (m)	标示宽度（米） Indicative Width (m)	净空（米） Min. Clearance Below (m)	连接 Connections
A-10	350	40	3-4.5	1. 城际火车站 Inter-City Rail Station 2. 城际码头 Inter-City Pier 3. 文化区 Cultural Precinct 4. 商业和零售区 Commerce & Retail Precinct 5. 湖中岛 Lake Island 6. 滨水公园和岛屿 Waterfront Parks & Islands
A-11	350	40	3-4.5	
A-17	280	40	3-4.5	
A-19	西 West: 270 东 East: 180	40	3-4.5	

A-10/11/17/19 号桥中央绿谷鸟瞰图

A-10/11 号桥游船人视图

南北轴线

这三座桥组成启动区南北轴线，主要作用是连通北京至安新之大道，途经大自然景致、水乡小镇、繁华闹市及碧绿城市客厅；桥梁以古代门廊的形态作为灵感，旅客通过每道桥都有往前迈进的感觉，犹如各城市界面的大门，永远欢迎着国人登门拜访。从典型圆拱桥推敲，透过抛物线形态来实现大跨度作用，结合双拱形态，配合近代西方桥梁建造技巧，得出最理想的桥梁系统。

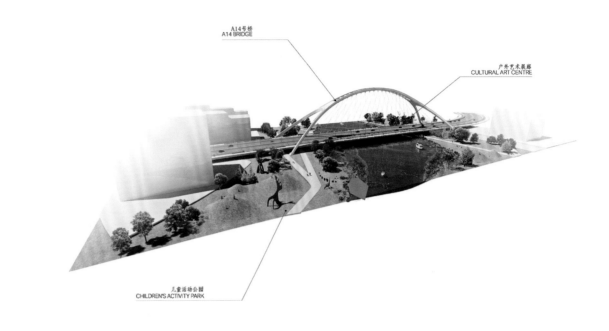

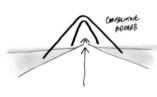
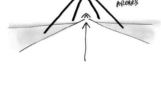
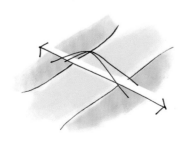

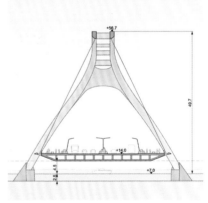

桥 Bridge	标示长度（米） Indicative Length (m)	标示宽度（米） Indicative Width (m)	净空（米） Min. Clearance Below (m)	连接 Connections
A-2	220	44	3-4.5	1. 商业 Commercial 2. 零售 Retail 3. 混合住宅 Mixed Residential 4. 公园 Public Parks 5. 学校 School
A-5	220	44	3-4.5	
A-14	270	44	3-4.5	

A-2 号桥游船人视图

A-2/5/14 号桥水岸人视图

景观轴线

　　A-4/6/12 号桥为启动区都市绿环的重要部分，为平衡都市生活的急速节奏，设计以大胆的手法为平平无奇的桥面上增加宽敞的绿色休闲地方，为城市增添活力和气氛，推广绿色生活方式。下垂式双拱桥透过反应力的原理将口袋园林悬吊在桥体外，加上高空走廊的概念，让游人和居民能在三个不同的高度——桥面、河面、高空，体验大自然和观赏附近的人文风景。

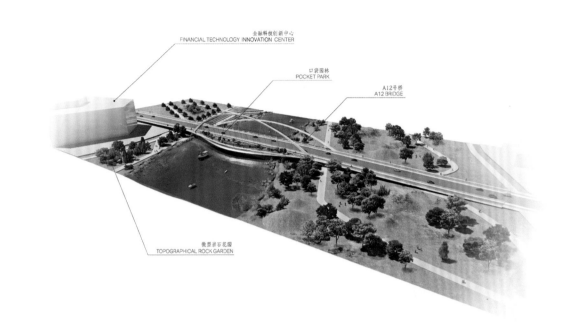

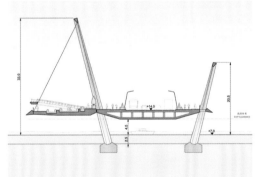

桥 Bridge	标示长度（米） Indicative Length (m)	标示宽度（米） Indicative Width (m)	净空（米） Min. Clearance Below(m)	连接 Connections
A-4	120	18	3	1. 商业区 Commercial Precinct 2. 商业零售 Mixed-Use Retail 3. 户外展览空间 Outdoor Exhibition 4. 学校 Schools 5. 科技研究机构 Tech Research Institutes 6. 滨水公园 Waterfront Parks
A-6	150	18	3	
A-12	260	32	3-4.5	

A-12 号桥水岸人视图

A-12 号桥游船人视图

特色标志

　　A-3 号桥位于河淀之交界，漂浮在众多岛屿之上，连接天、地、水 3 种启发生命的元素；设计以圆形将各元素连在一体，同时透过这形状分割出一年的二十四节气，启发我们将附近的景观融入到桥的设计，体现天地人合一的概念。二十四节气决定了 A-3 号桥的高度变化，例如日长的夏至部分桥顶离桥面最少以制造遮荫；桥的选材与通透性将桥梁与景观融为一体，加上颜色随季节转变的各种植物，此桥的每一刻都有着独特的景观，永远给人新鲜的印象。

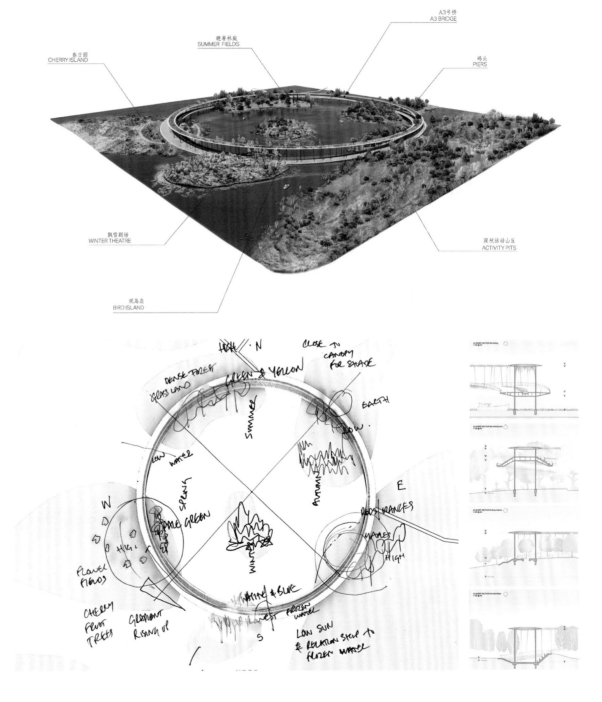

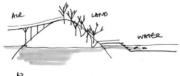

桥 Bridge	标示长度（米） Indicative Length (m)	标示宽度（米） Indicative Width (m)	净空（米） Min. Clearance Below(m)	连接 Connections
A-3	1230	20	3-4.5	1. 自然公园与岛屿 Nature Reserves & Islands

A-3 号桥人视图

A-3 号桥人视图

入围

高质量背景下中国特色雄安 A 组桥梁规划及方案设计

团队成员： 金丽昌（Rick Lichang Jin）、布鲁诺（Bill Brothers）、兰佐（Jax Lanzo）、赵宁 Annie Zhao、尼尔斯 Nils Muller、牛加敏、李亚琳、耿冬菊、Guoyong Fu 符国勇、Fangyin Zhang 张方银、Chih-Sheng Aw-Yong、Melek Malkas、Torsten Gottlebe、蒋俊杰

参赛组别： 启动区专业组 A 组

参赛人（团队）： 斯艾文建筑设计顾问（北京）有限公司（牵头人）、宋腾添玛沙帝建筑工程设计咨询（北京）有限公司联合体

获奖团队简介

斯艾文建筑设计顾问（北京）有限公司

斯艾文是美国著名的综合型建筑及工程设计事务所，始创于 1954 年，提供总体规划、建筑设计、工程设计、室内设计及项目策划等专项咨询服务，斯艾文在达拉斯、纽约、波尔、香港、胡志明市及北京均设有办公室，业务遍布全球。斯艾文具有国际视点，传播先进理念，融汇地域文化，承接历史传统，塑造具有深层含义的和谐人文社区。斯艾文注重精诚合作，通过成熟的专家团队、敬业精神以及科学手法，描绘并实现每一个业主针对每一个项目的、美好的梦想。

宋腾添玛沙帝建筑工程设计咨询（北京）有限公司

宋腾添玛沙帝建筑工程设计咨询公司是一个拥有 1200 名员工，精于结构工程设计的顾问公司。其分布在美国各地、上海、中国香港、伦敦、莫斯科和中东地区各办公室的专业团队为全球客户的各种大小和综合项目提供全方位的工程服务，从最高的建筑和最大跨度的结构到最新型的建筑体系及材料。在世界各地完成的特殊建筑结构和高层大厦的设计成就享誉全球。其中包括综合商业区的开发、办公大楼、长跨距无柱屋顶的体育馆、展示中心、医院和政府机构使用的综合建筑结构。

整体效果图

设计说明

启动区 A 组桥梁为中华圆舞曲桥梁序列，选择环金融岛地区的典型桥梁共 20 座，其中人行桥 3 座，车行桥 17 座。项目西至起步区第三组团，北至荣乌高速公路，东至起步区第五组团中部，南至白洋淀，规划范围 38 平方千米，规划建设用地 26 平方千米。

我们将 A 组 20 个桥梁序列按照各自所在的位置以及它们与城市规划及城市设计的不同关系分为 4 个区域，每个区域都有各自不同的属性，在这 4 个桥梁分区里，我们巧妙地处理区域内桥梁之间的互动，按照区域特征设计各个桥梁立面构筑物的高度，以区域内每个桥梁所处的位置，周边道路及街区的空间形态，水域面积及航道要求等，最恰当地选择桥梁结构类型，设计桥梁细部构造、力争区域内桥梁性格的协调统一。

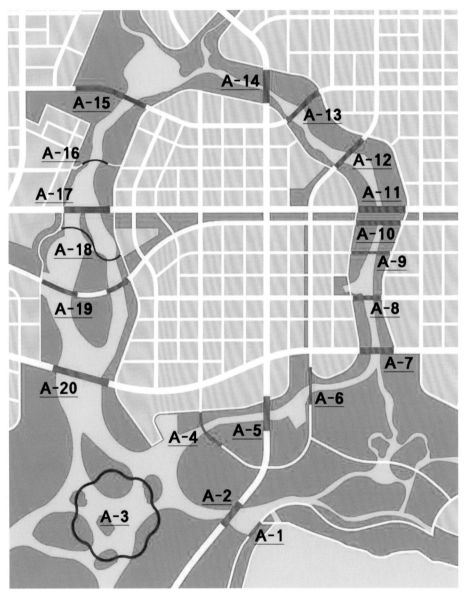

启动区 A 组桥梁总体布局图

设计理念

第一区域桥梁

位于金融岛西岸，具有城市门户、动感外向、公共庆典的城市特征。这个区域的桥梁应该最大限度地突出城市的公众性，做有感召力、承载性高、城市雕塑型的桥梁序列。

第二区域桥梁

在金融岛南岸，位于白洋淀景区与雄安新区起步区的交界口，是统领白洋淀景区及中央绿带的制高点，具有桥头堡的外向展示的城市特征。这个区域的桥梁仅次于第一区域的桥梁，应该起到区域地标的作用。

第三区域桥梁

位于金融岛东岸景观绿带，联系金融岛与东岸生活区，具有天外有天的城市空间属性。这个区域的桥梁应该是高度最低，具有实用功能性强，简洁大方，更加人性化、更加接近自然等特点。

第四区域桥梁

是中央绿地的壮丽尾声，是以中华水舞 A3 生态步行桥序列为主旋律的城市开放绿地，该区域将以独特的空中平面构型，最大限度地挖掘白洋淀自然风光特征的生态湿地大花园。

A-20 号桥升腾的彩虹人视效果图

A-10/11 号桥乐符人视效果图

A-8 号桥漂浮的阁楼人视效果图

A-3 号桥荷花舞鸟瞰图

重点桥梁方案说明

A-19 号桥

A-19 号桥是第一区域的核心桥梁，位于金融岛西端，所连接的道路包括雄安新区东西主要动脉道路，A-19 号桥紧密比邻雄安新区的城市门户——雄安城铁站综合体，位于城市的门户地带，位置至关重要，地位显著。从视觉感受效果上，本桥梁序列具有最大的视觉影响力，适合使用最大桥梁高度值，用来表达城市门户感、地标感、象征意义及视觉感召力。

本方案给 A-19 桥梁序列赋予了"中国之塔"的概念寓意，以最具有感召能力的中国塔元素，体现雄安新区精神、中国经济力量以及中国社会在新时代的精神面貌，反映中华文化的雄厚内涵。

经过设计师们多次的设计提炼之后，本方案最终确定下来的 A-19 双塔造型是基于白洋淀荷花的花瓣造型，融合中国太极图以及上述中华因素而成的。荷花花瓣的形状在 A-19 双塔的侧面以及正面都有相关的节节高的因素。以此同时，向上伸展的升腾的视觉效果在 A-19 双塔的侧面得到了强化，形成了舒展、优美的动感力量。

本方案将 A-19 桥梁的设计长度定为 540 米，与所连接的东西城市主干道相配合，将桥梁断面定为双向共 4 车道，约 14 米的机动车宽度，中央镂空的桥梁塔体结构的 8 米隔离带，两侧各 1 米的绿化隔离带，以及 2.5 米的非机动车道与 3.5 米的人行道，这样形成的桥梁总宽度约为 36 米。

A-19 号桥的拉索结构模数定在 15 米，桥体设置 2 个高塔，塔体最高点距离塔身 72 米，每个高塔以对称的方式分别在桥的两侧，设有 8 对平衡拉索点。

A-19 号桥"中国塔"的因素研究

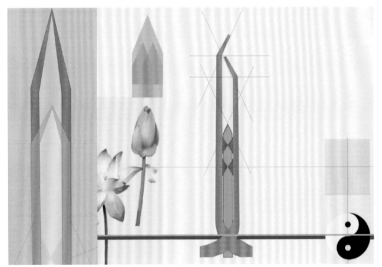

A-19 号桥立面设计草图

A-19 号桥中国之塔人视效果图

A-19 号桥中国之塔鸟瞰图

淀湖新景 连虹卧波

团队成员： 李 迈 LI Mai、Roland Bechmann、Frédéric Waimer、唐颖立 TANG Yingli、Yudi Gao-Köhler、路通 LU Tong、齐飞宇 QI Feiyu、姚婉婷 YAO Wanting、冯旭 FENG Xu、孙泽铭 SUN Zeming

参赛组别： 启动区专业组 A 组

参赛人（团队）： MJP International Limited（牵头人）、Werner Sobek AG 联合体

获奖团队简介

MJP International Limited

MJP 是一家国际性的建筑设计公司。公司历史上在亚洲各主要城市完成了一系列卓越的地标性建筑，赢得了业界高度认可。在中国具有代表性的项目包括：上海国际金融交易广场、南京奥体苏宁广场、三亚保利 C+ 国际博览中心等。作品荣获众多国际国内奖项。团队由一群对建筑、设计和技术充满热情的专业人员组成。我们的建筑师与最优秀的工程师、制造商和建造者合作，创造出统一完整的建筑。我们的作品响应城市责任，关注性能和工程技术充分结合，注重细节和可持续设计。

Werner Sobek AG

韦尔纳·索贝克事务所由 Werner Sobek 博士于 1992 年创立，在国际上声名远播，是工程、设计和可持续的代名词。事务所在全球有 350 多名员工，致力于各类建筑与材料，尤其重视轻量化结构设计、透明立面系统和可持续建筑理念，专注打造以高端工程设计为基础、融合先进绿色技术的优质设计。事务所以尽可能实现最高品质为总体目标，质量管理体系已通过 ISO 9001 认证。设计作品在国际上获得了众多奖项，代表作有巴西圣保罗体育场、哈萨克斯坦 2017 世博会场馆、英国伦敦人行天桥、上海新国际博览中心等。

整体效果图

设计说明

　　"中西合璧、以中为主、古今交融、中华风范、淀泊风光、创新风尚"是设计团队一开始便着手研究的项目背景。天人合一、道法自然、上善如水、因势成形——中国传统文化中对人与自然的关系、人与环境关系的解读是本次设计的出发点。中国传统文化并不主张人与自然的对立，更多地强调"顺其自然""以柔克刚"。这些观念对于本次桥梁设计的启发就在于桥梁尤其是大跨度桥梁不只是刚性的、凸显自我的，也可以、也应该是柔曲的、融于自然的形式。

　　从中国传统哲学"器"与"道"、"刚"与"柔"辩证结合的启发，同时基于对城市设计的理解和承接，我们提出了以下设计愿景及理念。

1. 文化风景的建构

　　桥在中国文脉中是一个充满文化隐喻的符号。本次设计希望以充满诗意化的造型作为对基地自然地景的回应，为城市创造独特的文化要素，丰富城市文化景观体系。使得桥梁不仅"可行"，更"可赏""可游"。

2. 公共空间的融合

　　桥在最初的"跨越障碍的通道"的基本功能上更承担起"缝合"公共空间的职能，对本次设计而言，在解决基本交通需求的前提下，更要思考如何使得桥梁更好地融入公共空间系统，与自然生态空间和滨水公共空间基底无缝衔接。

3. 先进技术的应用

　　设计方法及技术的变革产生更大跨径、更丰富的桥型和更轻盈的结构。

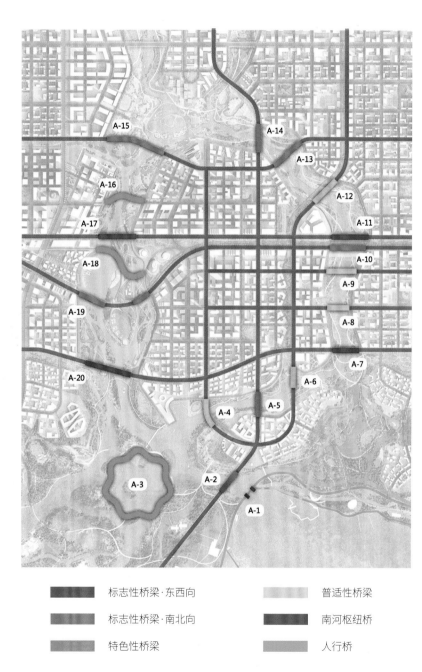

标志性桥梁·东西向	普适性桥梁
标志性桥梁·南北向	南河枢纽桥
特色性桥梁	人行桥

启动区 A 组桥梁总体布局图

设计理念

整个桥梁序列规划设计，采用"弧线"为形式主题。全部桥梁共有三个序列，中央绿谷桥梁序列、东部溪谷桥梁序列、临淀湾区桥梁序列。各序列组团内的桥梁在形式语言上也由"弧线"这一主题统领，呈现出不同弧线造型，自然生动。除此之外，同一主要道路上的桥梁形式语言互相呼应。让人看见桥梁形体，就可以知道自己在启动区所处的位置。

我们进而将 20 座桥梁划分为 6 种类型，分别赋以变化的弧线造型。

标志性桥梁（东西向）

展曜双翅——与风共舞的羽翼之桥

标志性桥梁（南北向）

拱索结合——灵动飘逸的苇浪之桥

特色性桥梁

双索合璧——轻盈飞扬的芦絮之桥

普适性桥梁

流线联拱——气韵生动的流波之桥

南河船闸桥梁

双拱遥应——振翅高飞的门户之桥

人行桥梁

流线柔曲——蜿蜒起伏的自然之桥

这样，对昔日的地景特征——关于"水浪""芦苇"与"鸟群"的记忆，"烟水茫茫芦苇花，一行白鹭上青天"，昔日白洋淀的湖野风光，进行了抽象和符号化，使其以新的形态融入新区城市环境中。

在具体细化各个桥梁设计时，我们也拆分考虑了城市设计原则的衔接与强化，主要原则有：呼应城市环境；人车分流，鼓励人行，绿道连通；确保通航要求；强化城市活动。

A-7 号标志性桥梁透视图

A-9 号普适性桥梁透视图

A-2 号标志性桥梁透视图

A-18 号人行桥透视图

重点桥梁方案说明

A-20 号 东西向标志性桥梁
展曜双翅——与风共舞的羽翼之桥

A-20 号桥梁位于启动区中南部，属于东西轴线南侧道路，横跨中央绿谷核心段，桥中央规划设置湖中岛，连接金融岛和总部商务区。

设计理念：展曜双翅——与风共舞的羽翼之桥。

灵感源自淀湖上白鹭展翅高飞的形态，纤细而轻盈的弧形线条勾勒出主干道桥梁的标志形象，给人留下的深刻印象。

基本参数：

桥梁总长约 400 米，宽度为 44 米，双向六车道，满足机动车、自行车双向行驶及行人通行要求，并设置无障碍设施。

桥面由桥顶的两个向外倾斜的拱形支撑，有效地实现桥梁的大跨度要求，桥下有客船航道，净空 3~3.5 米。

3d view of the finite element model:

有限元模型 3D 图

Hanger
悬索

Bridge Deck
桥板

Tapered arch
外斜桥拱

A-20 号标志性桥梁鸟瞰图

A-20 号标志性桥梁透视图

A-19 号 特色性桥梁

双索合璧——轻盈飞扬的芦絮之桥

A-19 号桥梁位于启动区中南部，属于东西轴线南侧道路，横跨中央绿谷核心段，桥中央规划设置湖中岛，连接金融岛和总部商务区。

设计理念：双索合璧——轻盈飞扬的芦絮之桥

灵感源自淀湖芦苇摇曳的形态，由向内倾斜的双拱和悬索支撑起桥面，湖心岛上设置 42 米高的螺旋形观景台，成为核心区的制高点。

基本参数：

桥梁被湖中岛分为东西两段，西段长约 260 米，东段长约 150 米，宽度均为 40 米，双向六车道，满足机动车、自行车双向行驶及行人通行要求，并设置无障碍设施。

西段为向内倾斜的拱桥，有效地实现桥梁的大跨度要求，桥下有客船航道，净空 3~3.5 米；东段为与 8 号桥梁类似的 V 形桥墩平桥梁，桥下有慢行绿道，净空 2.5 米。

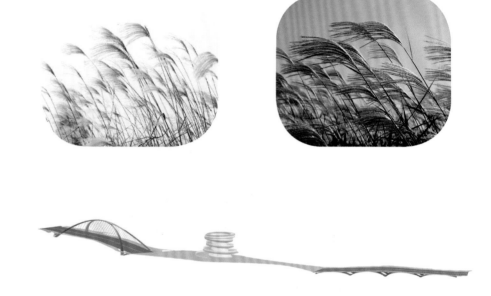

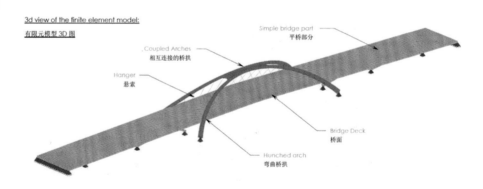

3d view of the finite element model:
有限元模型 3D 图

Coupled Arches
相互连接的桥拱

Hanger
悬索

Simple bridge part
平桥部分

Bridge Deck
桥面

Hunched arch
弯曲桥拱

A-19 号特色性桥梁鸟瞰图

A-19 号特色性桥梁透视图

诗意解构 "风雅颂"

团队成员： John van de Water、Michel Schreinemachers、Marijn Schenk、蒋晓飞、王吉飞、匡文辉、孙怡、朱珺成、张磊、米安、刘文雅、沈雪

参赛组别： 启动区专业组 A 组

参赛人（团队）： NEXT architects

获奖团队简介

NEXT architects

NEXT 建筑事务所于 1999 年在荷兰阿姆斯特丹正式成立，于 2004 年落地中国。其团队由荷兰建筑师约翰·范德沃特（John van de Water）和国内知名建筑师蒋晓飞主持。NEXT 的优势在于它以开拓性思维实现在建筑设计中有说服力的创作。思考 "设计" 在环境中的表现形式，在作品设计及施工方式上强调 "关联性"，对项目的特点及所处地理位置的特殊性进行 "杂糅" 并进行综合、全面的评估。事务所是在中国发展的外国建筑公司中最具代表性的公司之一。2017 年，约翰·范德沃特和蒋晓飞同被《安邸 AD》杂志评选为 "中国最具影响力的 100 位设计师" 之一。

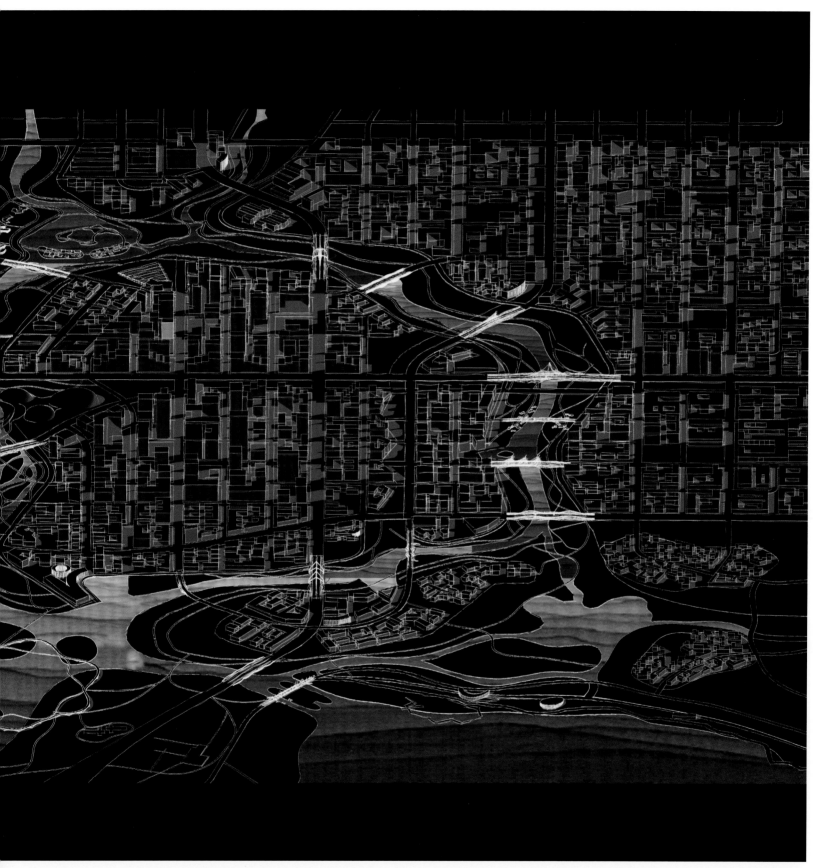

整体效果图

设计说明

　　雄安新区作为一座历史底蕴丰厚、面向世界的未来城市，其桥梁设计应在饱含东方审美特色的同时也具有现代感与未来感。NEXT 团队希望通过对中国东方传统文化审美的探索与挖掘，从"天人合一、寓情于景、和而不同"三个基本东方审美要点出发，用现代手法解读雄安新区桥梁设计。《诗经》作为我国最早的一部诗歌总集，既是中国古代诗歌的开端，也是东方审美的代表。设计师通过对《诗经》的解读，将 20 座桥梁分成"风、雅、颂"三种类型。从桥梁的概念、命名、形态，到每座桥的环境、城市关系和自然的关联性，形成一套完善的设计体系。NEXT 团队希望在既尊重传统又展望未来的雄安新区设计的桥梁，是一系列饱含东方神韵的现代桥，可以成为未来雄安的城市名片；一系列充满诗意的桥梁，参与构建新型都市生活；一系列情景交融的桥梁，融入市民生活的场所。

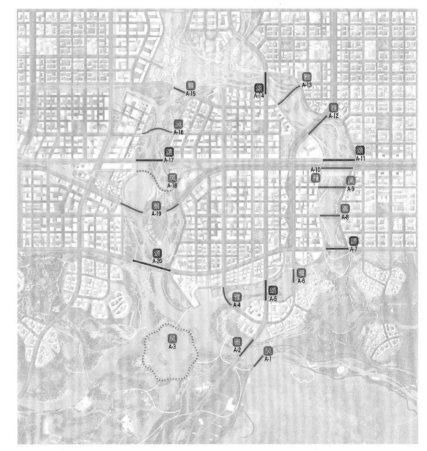

启动区 A 组桥梁总体布局图

A-17 号子都桥夜景效果图

A-15 号瞻彼桥夜景效果图

A-20 号翰飞桥夜景效果图

A-5 号鹤鸣桥黄昏效果图

重点桥梁方案说明

A-17 号 子都桥

子都桥位于雄安新区主干道，连接了新区高铁站和启动区城市核心区，是最重要的桥梁之一。桥梁周边多为超高层建筑，在280m 的桥梁跨度下，如何与周边建筑与景观廊道结合的同时，保持其桥梁的标志性成了首要解决的问题。我们从《诗经·国风·郑风·山有扶苏》中的诗句"山有扶苏，隰有荷华。不见子都，乃见狂且"找到灵感。采用独塔斜拉桥结构形式，桥身从两边景观廊道出发，富有动感地螺旋上升并在顶点交会。在保证了与周边天际线和景观廊道融合的同时，巧妙地塑造了极具活力与未来感的标识性桥梁。

基本参数

A-17 号桥为独塔斜拉桥，桥梁全长 280m，跨径布置50m+62.5m+55m+62.5m+50m，下部结构中墩采用承台下接群桩基础，桥台采用轻型桥台。

上部结构

主梁为钢箱梁，双幅，采用单箱三室截面，两幅通过横向加劲板连接。主梁顶面宽 42m，中心梁高 2m，顶面设 1.5% 的双向横坡。拉索采用单索面布置，共 26 根斜拉索。主塔为人字形桥塔。

下部结构

主塔基础采用直径为 1.5m 钻孔桩，承台采用为矩形承台，主塔柱承台尺寸为 71m×6.5m，厚 2m。桥梁起点和终点处均采用轻型桥台。

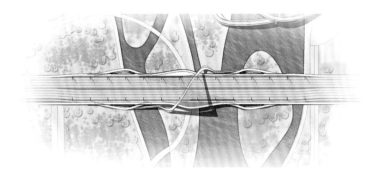

平面图

立面图

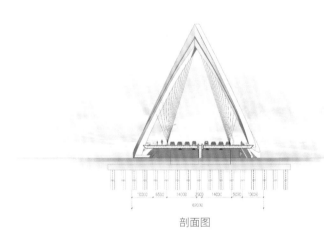

剖面图

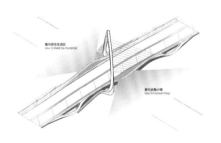

景观分析图

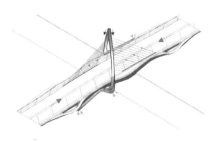

流线分析图

结构分析图

A-17 号子都桥夜景效果图

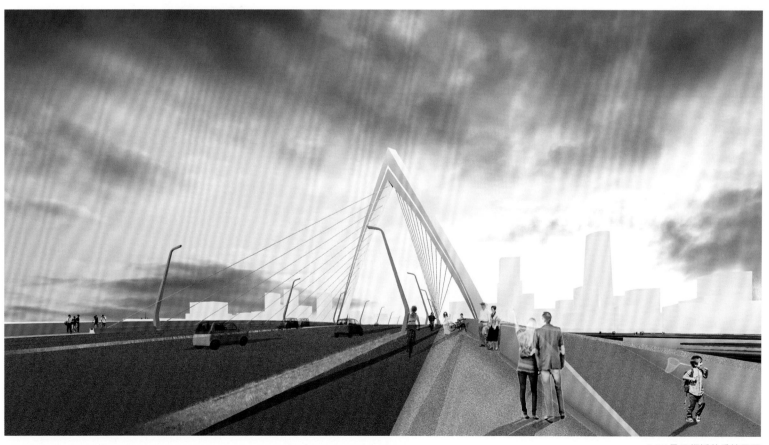

A-17 号子都桥黄昏效果图

A-20 号 翰飞桥

"翰飞"一词出自《诗经·小雅》中的"宛彼鸣鸠，翰飞戾天。"，寓意为展翅高飞在云天。作为临淀湾区和城市核心区的分界点，我们认为翰飞桥是雄安新区最重要的桥梁之一。需要特别强调其标志性与纪念性的同时，也需要考虑与白洋淀自然景观的融入与结合。因此翰飞桥桥梁结构采用钢结构索辅梁桥，在不破坏周边天际线的条件下横向拉长悬索，整体就像一只展翅高飞的雄鹰舒展的双翼，翱翔在绿谷之中。

基本参数：

A-20 号桥为索辅梁桥，桥梁全长 340m，跨径布置 50m+3×80m+50m，下部结构采用承台下接群桩基础，桥台采用轻型桥台。

上部结构

主梁为钢箱梁，四幅，四幅通过横向加劲板连接。箱梁中心梁高 2m，顶面设 1.5% 的双向横坡。拉索采用双索面布置，共 50 根斜拉索。

下部结构

主塔基础采用直径为 1.5m 钻孔桩，成两排十三列布置，承台采用为矩形承台，主塔柱承台尺寸为 51.5m×12m，厚 2m。桥梁起点和终点处均采用轻型桥台。

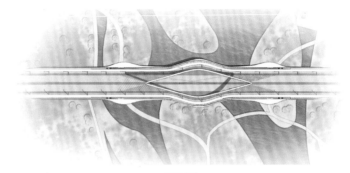

平面图

立面图

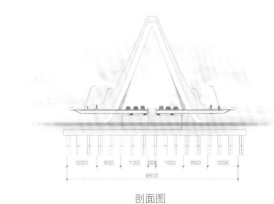

剖面图

景观分析图

流线分析图

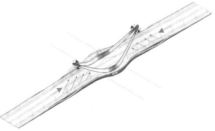

结构分析图

A-20 号翰飞桥日景效果图

A-20 号翰飞桥夜景效果图

一等奖

曲律之雅：呈谷川之美、启城郭之序

团队成员： 刘宇扬、郭怡妹、吴从宝、孙田、王珏、张峰、沈悦、张少尹、潘昭延、金雅萍、卢永成、朱世峰、王爱华、王冠男、俞明德、袁卓铨、赵晓龙、张准、赖雨农、李欧梵

参赛组别： 启动区专业组 B 组

参赛人（团队）： 刘宇扬工作室有限公司（牵头人）、上海市政工程设计研究总院（集团）有限公司联合体

获奖团队简介

刘宇扬工作室有限公司

成立于香港及上海，事务所秉持以现实为基础、以研究为导向、平凡中看见非凡的设计理念，追求真诚、有意义及可持续的建筑与环境，并通过高品质及高完成度的项目，为客户及社会创造长远效益。

在刘宇扬先生的带领下，事务所近年围绕着城市更新、文旅康养、市政景观三个板块展开实践，基于每个作品的独特叙事，创建生动的场景与空间，寻求隽永的诗意与价值。

事务所常年受到国际媒体的广泛关注并屡次获奖及参展，其中包括 ArcAsia 亚洲建筑师协会金奖、英国 Dezeen 年度最佳酒店建筑首奖、英国 BUILD 年度设计事务所及可持续建筑奖、DFA 亚洲最具影响力设计奖、德国 Landzine 景观建筑奖、世界建筑节 WAF 奖、意大利 DOMUS 改造及保护类大奖、上海市建筑学会杰出中青年建筑师奖、意大利威尼斯建筑双年展等。

上海市政工程设计研究总院（集团）有限公司

上海市政工程设计研究总院（集团）有限公司成立于 1954 年，从事规划、工程设计和咨询、工程建设总承包及项目管理全过程服务。2008 年获得首批国家工程设计综合资质甲级证书。现有员工 5200 余人，拥有 1 位中国工程院院士、7 位全国工程勘察设计大师、10 位上海市领军人才、40 多位享受国务院政府特殊津贴专家。

累计完成 17000 多项各类工程勘察设计咨询和 EPC 总承包，项目遍布全国所有省区市。标志性工程有：南浦大桥、杨浦大桥、卢浦大桥、东海大桥、长江大桥、虹桥综合交通枢纽、磁浮列车示范运营线、白龙港污水处理厂、浦东世博公园等。

坚持科技创新，历年来累计获得国家级科技进步奖 13 项，省部级科技进步奖 185 项次，土木工程詹天佑大奖 18 项。有 1000 余项勘察、设计、咨询、规划获得各类奖项，授权专利 1300 余项。被评为全国科技进步先进集体、全国勘察设计创新典型企业、国家知识产权示范企业和上海市优秀高新技术企业。

整体鸟瞰效果图

设计说明

项目位于雄安新区启动区北部科创区，B 组作为未来畅想曲桥梁系列，需要设计 19 座典型桥梁，均为车行桥。这 19 座桥梁长宽各异，按设计任务书的参考长度及道路宽度，基本有三组宽长比：1:1~1:6 的 7 座桥梁（B-1, B-2, B-3, B-5, B-6, B-7, B19）主要分布在东部溪谷，其中，B-19（1:1）属于中心城区位置；1:7~1:15 的桥梁有 6 座（B-4, B-8, B-14, B-15, B-16, B-18），主要分布在中央绿谷；大于 1:15 的桥梁共 6 座（B-9, B-10, B-11, B-12, B-13, B-17），主要分布在北部林带。

启动区 B 组桥梁总体布局图

设计理念

谷川之景，城郭之序，律动之美，总体策略力求以律动的桥梁形态，经济的结构设计，友好的景观配置，衔接城市与绿谷，服务车行与人行。希望通过材质、颜色、纹案、灯杆和栏杆等细节变化，结合具有雄安新区本地特色的自然地景、鱼鸟植栽，巧妙地融于设计当中。四字景目是中国宋代的创造，在观念上的贡献为"分节"与"品题"。这启发了我们的设计策略，针对北侧片区十九桥，以静观动观、借景对景、小中见大、桥桥有景的思路，试作谷川十景。通过十景和十九桥的主题拟定和场景设计，充分结合启动区的规划条件和城市设计特点，我们打造了一组极具中国特色并充分考虑规范性和落地性的未来城市和桥梁主题景观。

B-1 号制礼桥, B-2 号永泽桥, B-3 号熙坡桥, B-4 号熙林桥夜景鸟瞰效果图

B-3 号熙坡桥, B-4 号熙林桥, B-5 号熙谷桥, B-6/7 号百川廊 / 千岳廊鸟瞰效果图

B-8 号采月桥, B-9E 号望鹿堤鸟瞰效果图

B-10 号松林桥, B-11 号杏林桥, B-12 号槐林桥, B-13 号万林桥鸟瞰效果图

重点桥梁方案说明

B-6/7 号 百川廊 / 千岳廊

　　"百川""千岳"双桥位于东部溪谷北侧，启动区东北部，连接科教创新片区与综合生活东片区，周边为特殊风貌区和重点风貌区。双桥与桥堍连接的东部溪谷东界道路构成活泼的大三角闭环，两桥人行与非机动车侧及道路面桥侧均设置风雨连廊，仿佛传统市镇的檐廊尺度，延续历史记忆。桥下曲水蜿蜒，小径分叉，构成趣味盎然的景观公园、城市内院。仿《世说新语》"千岩""万壑"对举，以"百川""千岳"名双桥，小中见大，思接千载。

B-6/7 号百川廊 / 千岳廊鸟瞰效果图

B-6/7 号百川廊 / 千岳廊夜景效果图

B-8 号 采月桥

采月桥位于东部溪谷北端，科教创新片区东北部，东西侧均为高新高端产业与科研综合用地——分别为特殊风貌区和重点风貌区。其人行与非机动车道取弓形平面，中央凹进处设小憩座椅。北侧望鹿堤（B-9 号东段）长虹跨水，九拱连波，拱上叠孔。月明之夜，自此桥远望，举头天上圆月，平视望鹿堤桥身与水面倒影构成大大小小不规则的十八个剪影，相应生辉，故题"采月"，以彰对桥对月之趣。

B-8 号采月桥鸟瞰效果图

B-8 号采月桥桥上空间效果图

B-9E 东段 望鹿堤

　　该部分位于启动区北部环城林带当中，是 B-9 号至 B-13 号 "一横四纵" 五条道路中的横向道路（东西向）。该路段连接中央绿谷和东部溪谷，处于城林界面。B-9 号的桥梁部分有两处，分别处在东侧和西侧跨水位置。东段望鹿堤取长堤意象，长虹跨水，九拱连波，既是 "采月桥" 的对景，人行桥上，也可远眺 B-13 号万林桥如鹿角扬起的斜拉结构。

B-9W 西段 望枫桥

　　该部分位于启动区北部环城林带当中，是 B-9 号至 B-13 号 "一横四纵" 五条道路中的横向道路（东西向）。该路段连接中央绿谷和东部溪谷，处于城林界面。B-9 号的桥梁部分有两处，分别处在东侧和西侧跨水位置。西段望枫桥两侧人行与非机动车道形态各异，南侧有线性的观景台，北侧更有升起的观景坐席区，构成壮美的露天城市剧场；题名结合生态林的意象，取望枫桥。

B-9E 东段望鹿堤夜景效果图

B-9W 西段望枫桥效果图

B-13 号 万林桥

万林桥位于启动区北部环城林带的西侧，道路东侧小岛上为风貌核心建筑群，它同时位于启动区至北京南北轴线上，南侧桥头采用背索斜拉结构。松林桥（B-10）、杏林桥（B-11）、槐林桥（B-12）、万林桥（B-13）四桥穿越北侧环城林带，包括四桥的地景随势起伏涌动，以万林桥为华彩节点。此桥也位于总体规划雄安新区二十四节气的雨水活动风貌区位，以谐音"万霖"取意雨水润泽万物，人与自然共生。

B-13 号万林桥日景效果图

B-13 号万林桥桥上空间效果图

雄安九景

团队成员： 何斐德（Frederic Rolland）、陆璞厉（Polly Lo Rolland）、贾炯、刘志尧、王寒露、Emmanuel Livadiotti、Taha Aladine、汤理达、张锦斌

参赛组别： 启动区专业组 B 组

参赛人（团队）： 法国何斐德建筑设计公司（Frederic Rolland International）（牵头人）、玛博（北京）建筑结构设计咨询有限责任公司联合体

获奖团队简介

法国何斐德建筑设计公司（Frederic Rolland International）

法国何斐德建筑设计公司（Frederic Rolland International）于 1954 年创建于法国昂热市，其上海分公司建立于 1993 年，共有 75 位建筑工程与城市规划专业设计师，在法国西部多次获得建筑奖章，以城市规划、大型文化、体育、教育建筑为公司专项设计，从 1993 年以来，设计作品遍布中国各大城市。

主创建筑师何斐德（Frederic Rolland）为巴黎建筑学院建筑学学士，美国哥伦比亚大学城市规划硕士。1982 年法国国家院士最高美术学院建筑金奖得主（Grandprix de Institute）。2011 年因其对建筑设计专业的贡献被授予法国国家荣誉骑士勋章（Chevalier de la legion d'honneur）。

1993—2020 年，在法国和中国建筑 27 年的创意生涯中，何斐德的设计注重中西文化的融合，古今与未来的创新，自然生态的保护。

我们的专业热情和理念：建筑是文化的语言，在保证公众利益、注重工程质量、尊重自然环境、保护历史与城市背景的概念下，我们，建筑师，应负责任地为城市创造美好的城市与建筑空间，成为新时代的创造者和见证人。

玛博（北京）建筑结构设计咨询有限责任公司

MaP3- 建筑结构设计咨询公司于 2001 年成立于巴黎。公司成立之初即取得了信号塔的设计专利，这项平行四边形的几何系统装置获得了 2002 年法国科研部颁发的 Anvar 奖，该设计奠定了 MaP3 在设计行业的声誉。2012 年，我们成立了 MaP3（玛博）在中国北京的分公司。我们对于建筑结构的独特研究使我们可以完成各种类型的项目，如桥梁、信号塔、传统建筑、大跨度公共建筑等。如今，我们的设计团队由法国和中国的 7 位专业设计人员组成，主要设计师毕业于著名的法国国立路桥学院，我们将以精湛、严谨、合理的结构设计一如既往地为业主提供优质的服务。

整体鸟瞰图

设计说明

　　山水概念是把中国传统文化中的山水诗词、山水画和中国古典园林与现代城市建设结合起来。山水城市兼顾城市生态和历史文化，兼顾现代科学和环境美学。考虑未来城市生产、生活发展的需要。中华民族对山水有特殊的感情。山水意识早已融入中华民族的遗传基因。山水城市亦是未来城市的发展方向。

　　我们的设计理念即延续山水城市概念，以中华传统文化和环境美学为背景，从现代城市发展需求出发，结合现代先进结构技术，打造中西合璧，以中为主，古今交融的未来新时代桥梁。形成新时代中国特色建筑新风貌。

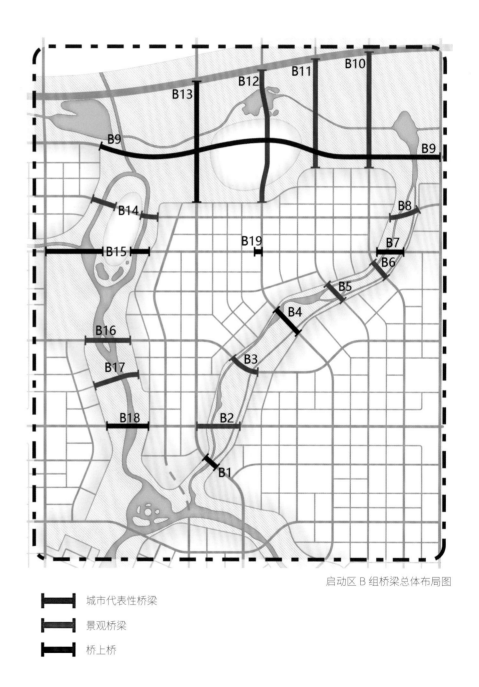

启动区 B 组桥梁总体布局图

城市代表性桥梁

景观桥梁

桥上桥

B-1 号城市标志性桥梁效果图

设计理念

一个大数据之城有简单的基础算法，就像艾萨克·阿西莫夫（Isaac Asimov）的机器人定律。一群鸟有三个控制行为的规则，复杂性可能源于简单性。类似地，雄安 B 组桥梁的放置概念有三个简单的规则：

第一确定桥梁的类型；

第二确定桥梁的形状；

第三确定桥梁的特点。

关于"城市标志性桥梁"的桥梁：第一规则是"城市界面图"，第二规则是"开放空间体系图"，第三规则是根据车行桥组团风貌控制。

关于"景观桥梁"的桥梁：第一规则"城市界面图"，第二规则是"开放空间体系图"，第三规则是根据洪水高水位。

关于"桥上桥"的桥梁：第一规则是"城市路道图"，第二规则是"城市绿道图"，第三规则是根据路道和绿线网的关系。

B-4 号桥上桥效果图

B-9 号城市标志性桥梁效果图

B-15 号桥上桥效果图

重点桥梁方案说明

B-18 号桥

设计理念：

这座桥根据城市界面图、开放空间体系图和车行桥组团风貌控制图三部分叠加而决定。B-18 号桥是一座标志性的城市客厅桥梁，标志着东西山谷的边界。桥的最终形态是由标记的山谷的特征决定的，使这座桥成为"塔"。

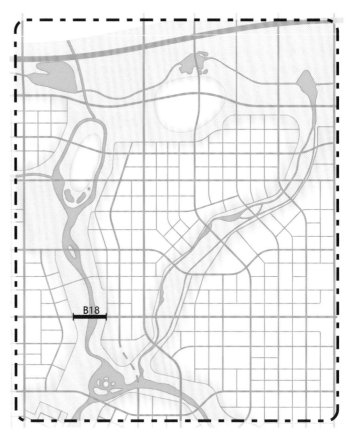

桥跨布置：

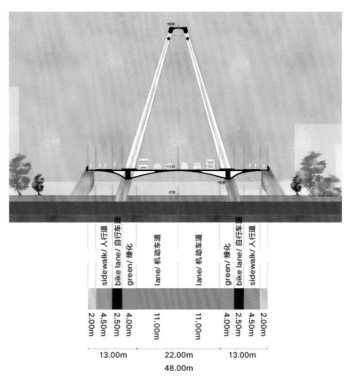

基本设计参数：

参考长度（米）	310
所在道路宽度（米）	44
所在道路等级	主干路
通行要求	桥梁上跨慢行绿道净空 2.5 米
桥梁结构形式	斜拉桥

B-18 号桥上桥效果图

B-18 号桥上桥效果图

B-1 号桥

设计理念：

这座桥根据城市界面图、开放空间体系图和车行桥组团风貌控制图三部分叠加而决定。B-1 号桥是一座标志性的城市客厅桥梁，标志着东西山谷的边界。桥的最终形状是由标记的山谷的特征决定的。使这座桥成为"橋"。

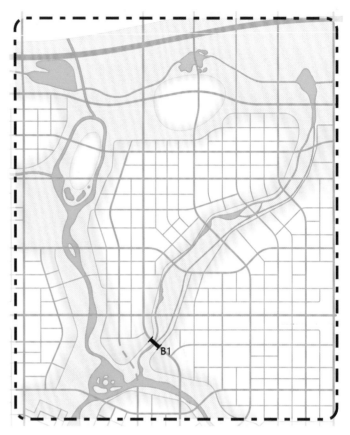

桥跨布置：

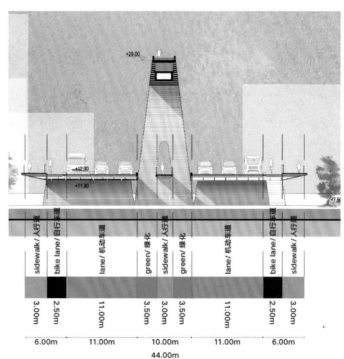

基本设计参数：

参考长度（米）	120
所在道路宽度（米）	44
所在道路等级	主干路
通行要求	上跨慢行绿道净空 2.5 米
桥梁结构形式	平板桥

B-1 号城市标志性桥梁效果图

B-1 号城市标志性桥梁效果图

B-9 号桥

设计理念:

这座桥根据城市界面图、开放空间体系图和车行桥组团风貌控制图三部分叠加而决定。B-9 号桥是雄安新区与高速公路之间的北部防护森林桥。桥的最终形态是由标记的山谷的特征决定的,使这座桥成为"關"。

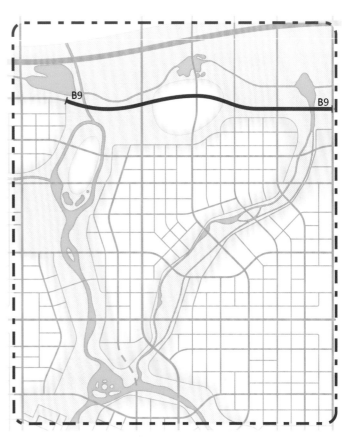

基本设计参数:

参考长度（米）	3700
所在道路宽度（米）	44
所在道路等级	主干路
通行要求	部分位置上跨慢行绿道净空 2.5 米
桥梁结构形式	悬链拱桥

桥跨布置:

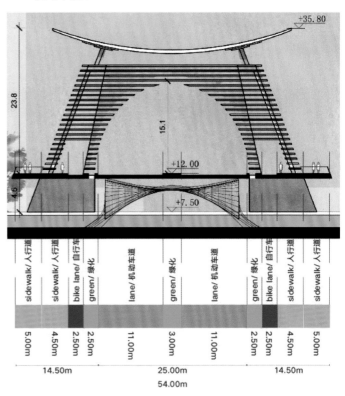

B-9 号城市标志性桥梁效果图

B-9 号城市标志性桥梁效果图

B-4 号桥

设计理念：

桥梁根据道路系统、城市绿道和道路绿线网络三方叠加而成。B-4 号桥是一座生命循环的桥梁，标志着两个主要城市结构元素的互联互通，山谷和生命的循环。桥梁的最终形态是由城市绿环和城市道路的组织和相对位置决定的，使这座桥成为一座"廊"。

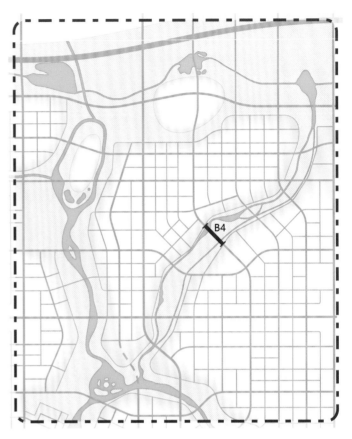

桥跨布置：

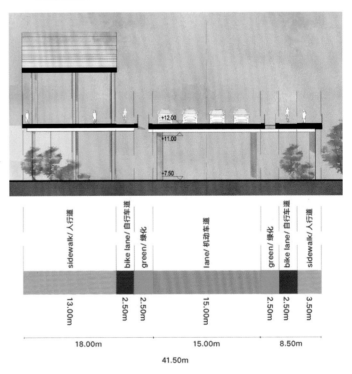

基本设计参数：

参考长度（米）	260
所在道路宽度（米）	32
所在道路等级	次干路
通行要求	上跨慢行绿道净空 2.5 米
桥梁结构形式	板柱桥

B-4 号桥上桥效果图

B-4 号桥上桥效果图

雄安启动区绿谷生态 19 桥

团队成员： Niek Roozen、Judith Van Der Poel、Ivo Mulders、Adriaan Kok、徐晓宇、Herman Hobbelink、Joris Veerman、Rob Kruizinga、何南
参赛组别： 启动区专业组 B 组
参赛人（团队）： Niek Roozen bv(牵头人)、ipv Delft international bv 联合体

获奖团队简介

Niek Roozen bv

尼克·诺森景观设计有限公司成立于 1983 年。作为在荷兰以及国外有着 36 年从业经验的景观设计公司，我们已经成为绿色城市景观规划方面的专家。我们关注现状景观品质与当地文化的结合。我们针对城市作出的绿色结构方案一直以绿色城市策略作为出发点。

公司涉及不同类型的项目设计，比如：公园、国际博览会、主题公园、可持续城市规划、园艺博览会、旅游规划、休闲区设计、植物园和自然景观规划。

根据项目，我们组建由艺术家、建筑师、城市规划者和基础设施工程师组成的团队。通过与专家们进行合作，我们可以一直保持我们的原则：将当地文化和现有的自然环境与我们的绿色城市设计理念相结合。

全世界人口的增长使我们不得不以不同的视角去思考能源、食品生产以及环境质量的问题。我们不得不小心地创造食品环境条件，同时合理地利用能源及材料。在我们的工作范围中，可以通过几个层面关注从地区的发展到设计的内容，这也正是我们在项目中要思考的方向。我们的公司现在综合了景观设计、城市规划设计以及建筑设计，这种全面的设计能力使我们能够实现综合性、高品质的可持续设计。

尼克·诺森景观以及与他们有联系的国际性大学及研究机构一起实行可持续的规划及设计。无论对市民还是我们的食品生产，水、土壤和空气质量对于高标准的生活环境而言都是至关重要的。

2002 年荷兰的世界园艺博览会 Floriade 设计中，我们提出了城市发展的绿色策略：绿色城市哲学（Green City Philosophy），我们同样设计了可持续的社区、休闲空间、国家湿地以及一个高效的食品及花卉生产与休闲娱乐结合的全面可持续性设计。

ipv Delft international bv

ipv Delft 成立于 1996 年，是荷兰领先的桥梁设计和工程公司之一。项目涉及各大尺寸的公路桥梁、人行天桥、地下通道以及自行车基础设施。

我们的团队由建筑、工业、土木工程、灯光和产品设计等多个领域的专业人员组成，我们将技术解决方案与大量创意相结合，始终关注成本、耐用性、功能性和用户舒适度。我们相信，没有远见，就不会有强大的设计。凭着丰富的经验以及开放的眼界，我们几乎可以满足任何情况下桥梁设计的需求。此外，我们还具有广泛的建筑照明和城市基础设施设计的经验。

在过去的 20 年里，我们在全荷兰设计并完成了数百座桥梁，因此我们拥有丰富的专业知识。 在国际上，我们也举办有关桥梁设计和实施的讲座，同时也为当地政府和大型建筑公司提供咨询。2015 年我们与荷兰的交通、基础设施和公共空间技术平台合作，编写了《荷兰自行车和人行天桥简要设计手册》。该出版物说明了我们的设计方法并涵盖了可能影响桥梁设计的所有方面。

就设计而言，我们的目标始终是提供简洁高效和功能性的解决方案，并以永恒的品质创造优雅而合乎需求的设计。

整体效果图

设计理念

我们的目标是设计出优雅、现代且融合传统的桥梁。

在这个大面积的区域内，有 19 座桥梁，要做到既要有连贯性，又要有强烈的识别性。在功能上我们也考虑桥上桥下的空间利用。这些桥被设置在三个不同主题的景观区域：西部生态湿地、东部城市文化公园和北部森林景观。

东西两条河流属于同一条河的支流，终点是白洋淀湖。这两条河上的桥，密切相关、具有相似性，又应各具特色，与周围景观相匹配。东部和西部地区的桥梁设计灵感源于相同的基本结构类型——拱桥。通过对中国传统拱桥元素的提炼形成了两组不同的桥梁设计，同时也具有很强的连贯性。

在北区，我们将专用的自行车桥和人行桥与交通桥分开。这样可以让森林从桥下和桥间通过。在略微抬高的桥上，人们可以体验森林和天空。

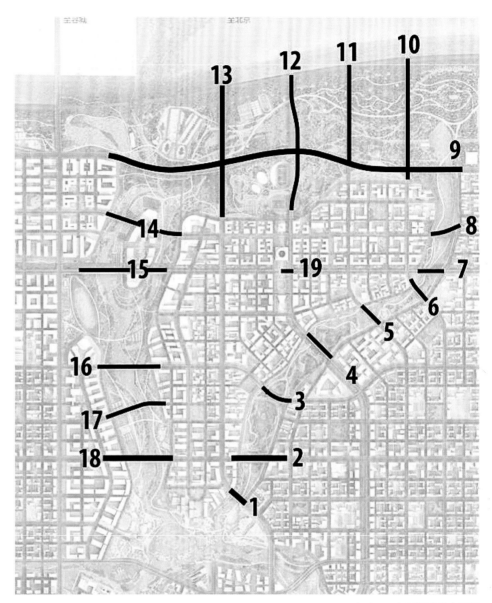

启动区 B 组桥梁总体布局图

B-1 号桥效果图

B-13 号桥效果图

B-3 号桥效果图

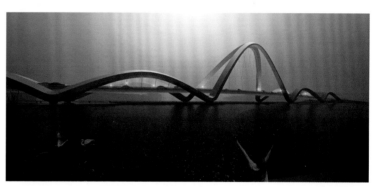

B-15 号桥效果图

B-5 号桥效果图

B-16 号桥效果图

B-8 号桥效果图

B-19 号桥效果图

重点桥梁方案说明

B-4 号桥

B-4 号桥位于东部与城市绿环的交会处。这两个景观的交会点，是建立一个地标性桥梁的绝佳位置。这是一座将城市绿环延续在东部公园上空的公园桥。在桥上，一些三角形的花坛被改造成开口，让桥底的树木得以生长通过。弧形桥墩上的台阶提供了通往下层公园的通道。

A   canal   garden and gateway   flowerring
河道   下沉花园与通道   城市花环

B   flowerring   gateway   ecological bird nesting wall
城市花环   通道   生态鸟巢墙

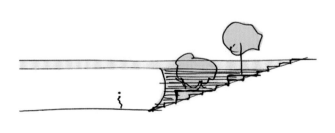

连接公园层和桥梁层的楼梯

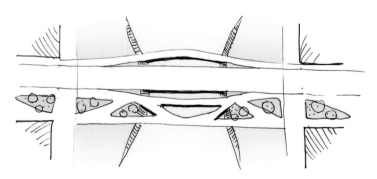

公园桥：三角形的花坛开口给予树木生长空间

B-4 号桥效果图

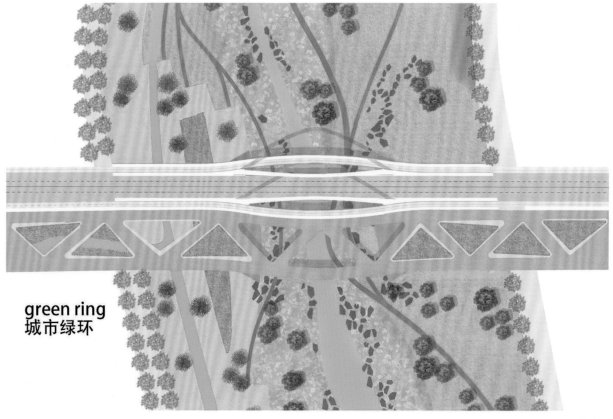

green ring
城市绿环

B-4 号桥效果图

双生双息

团队成员： 汪弢、Stefano Di Silvestro、Luc Trausch、Aldo Bacchetta、Stephan Etter
参赛组别： 启动区专业组 B 组
参赛人（团队）： dsw Architekten GmbH（牵头人）、Bänziger Partner AG 联合体

获奖团队简介

dsw Architekten GmbH

公司成立于 2018 年，由 Stefano Di Silvestro 和汪弢在苏黎世创立。是瑞士联邦建筑师与工程师协会注册公司。dsw Architekten GmbH 建筑师事务所从事跨专业的建筑设计以及多文化背景下的复杂项目。成立至今，在瑞士、德国、意大利多国的竞赛中获奖。

Bänziger Partner AG

公司成立于 1959 年，由 Dialma Jakob Bänziger 在苏黎世创立。主要从事桥梁及土木结构设计。至今在瑞士设计建成超过 500 座桥梁。是瑞士最大的桥梁设计工程师事务所。2004 年公司改制成合伙人制，现在瑞士境内有 8 位合伙人、7 个分部和 12 个办公点。分别位于 Buchs, Zürich, Baden, St. Gallen, Chur, Oberriet, Widnau。

整体鸟瞰效果图

设计说明

　　桥梁设计并不只是交通设计中简单的基础设施，随着城市的发展，桥梁美学设计与城市景观息息相关。雄安新区启动区桥梁设计 B 区位于启动区北侧，整个区域汇集了大学院、科技园等一系列创新科研园区。由这两方面出发，启动区桥梁设计 B 区设计愿景有三个关键词：汇聚能量，城市形象，雄安格局。

　　汇聚能量　由"两横两轴"的桥梁布局定义清晰的城市结构，配合桥梁的形式，聚集起整个区域的能量。

　　城市形象　桥梁设计结构形式主要采用拱桥结构。不仅在结构上减小桥板的厚度，桥塔的形式也在城市各个区域建立起城市街道的形象和节点。

　　雄安格局　B 区作为整个启动区创新和教研核心区，也是未来雄安发展驱动核心之一。桥梁设计不但是疏通各个区的渠道，也呈现出雄安会聚未来人才的格局。

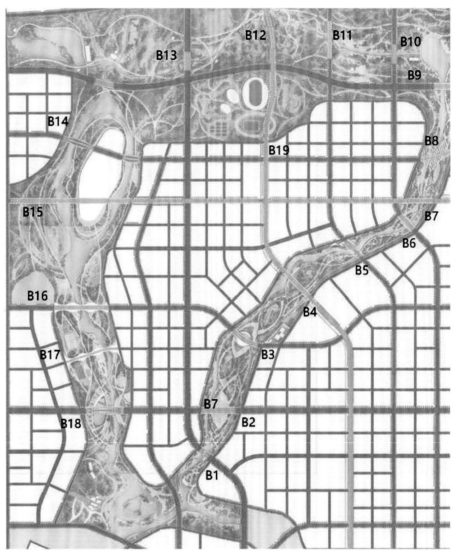

启动区 B 组桥梁总体布局图

设计理念

"双生双息"

考虑到上级景观规划的"生息之城"的理念，启动区 A 区和 B 区如同树枝与树根，同气连枝，互为照应。为了使启动区 B 区配合整个景观系统，我们提出了"双生双息"的概念。即中央绿谷和东部溪谷双生双息，相似而充满变化，相象而内容不同，互异而相生相连的设计。通过两侧桥体相互呼应，使 B 区整个交通系统形成东西两谷的精密联系。

"一碧万顷"

形容青绿无间，风光美好。启动区 B 区是连接文萃活力滨水空间与北部自然公园的核心区域，本着连接自然，拥抱自然的初衷，整个桥梁设计尽量以最轻盈的姿态串行于自然之间，而景观以统一的形式沟通南北，达到范仲淹《岳阳楼记》中所写的"上下天光，一碧万顷"美好意境。

B-2 号观景桥鸟瞰图

B-4 号林荫桥步行透视

B-8 号城市人文桥人视图

B-9 号至 B-13 号自然桥人视图

重点桥梁方案说明

B-18 号桥

B-18 号桥有标志作用。B-18 号桥总跨度为 297 米，结构最高处距桥面 55 米。B-18 号桥为整个桥梁序列中具有标志性的桥梁，桥下景观以开阔的水面倒映桥梁，形成空间上的完形，桥下以步行道穿插交错，交织成景观的空间，围绕镜湖一侧以层级的台阶形成观景舞台，桥梁两侧以花树点缀，形成镜湖映春的场景。

B-5 号桥

B-5 号桥为花园桥，人行道和非机动车道被裁剪成单独的步行桥，结构上车行桥和步行桥使用了不同连续梁，中间用钢索连接。车行桥和步行桥之间为绿谷的植被，人行桥一侧还布置了花架，供爬藤植物生长，在桥上漫步仿佛置身花园之中。人行桥与车行桥距离最远处 14 米，行人在此驻足时完全不会受来往车辆的影响。景观在人行和车行桥之间竖直方向向上渗透，桥梁下面绿地做成自然入水的效果，滨水设计活动空间，可作为临时的活动场地，周边花卉微地形和森林探险活动功能均沿用原景观设计功能。

B-18 号标志桥人视图

B-5 号花园桥人视图

入围

雄安山水桥

团队成员： Chris Lanksbury、蒋毅、Peter Mackey、周贵成、Bianca Anastasiu、徐一淳、罗妍婧、Aryse Aydogan、谢宝来、徐治芹、徐辉、朱晓东、甄国君、温永杰、王桂鹏、马春佳、尹晨霞、徐爽、张任子、马晓雨、王芳婷、邱增强、姜颖

参赛组别： 启动区专业组 B 组

参赛人（团队）： CHAPMAN TAYLOR LLP（查普门泰勒）（牵头人）、中国市政工程华北设计研究总院有限公司联合体

获奖团队简介

CHAPMAN TAYLOR LLP（查普门泰勒）

查普门泰勒成立于 1959 年，为全球知名的综合设计咨询集团，多次蝉联全球建筑设计公司 100 强以及英国建筑设计公司排行榜前三名。主营业务包括：总体规划、办公、城市更新、交通枢纽和 TOD 建筑设计、酒店设计、公共建筑及综合体空间设计。

查普门泰勒在亚洲、欧洲及中东地区拥有 16 个设计工作室，汇集了众多优秀的规划师、建筑师和室内设计师，积累了深厚的各种类型的设计经验，并和许多国际著名开发商、承包商、咨询顾问、投资者和品牌商保持着良好的合作关系，在世界各地 90 个国家和地区设计了许多开创性的项目。自成立以来，查普门泰勒为大量客户提供了优质服务，成功且富有新意的设计规划项目遍布世界，铸就了屡获殊荣的设计品牌，誉满全球。

中国市政工程华北设计研究总院有限公司

中国市政工程华北设计研究总院有限公司成立于 1952 年，在 2000 年前是建设部直属设计院。2000 年后隶属国务院国资委下属的"中国建筑设计研究院"。公司经过 60 多年的发展，已经发展成为包括城市供水、污水处理、燃气、道路桥梁、集中供热、垃圾处理、中水回用、海水淡化、城市区域配套以及大型工业与民用建筑工程等专业，集工程规划、工程咨询、工程设计、工程总承包、运营等多项业务于一体的综合甲级设计院，公司先后完成了"引滦入津""西气东输""陕气进京""南水北调（东线）"等一大批有影响的国家重大战略工程项目，综合竞争力位居国内市政设计领域前列。

整体鸟瞰图

设计说明

　　雄安新区是新中国发展的千年大计，在新区启动区北部的 19 座未来畅想曲桥梁序列设计项目中，我司查普门泰勒首席设计师也是公司的董事主席 Chris Lanksbury 以及我们的合作伙伴中国华北院共同参与了此次项目。对于桥梁设计，中国人民自古对桥梁的认知有三方面。

　　在艺术角度上，桥梁的建筑艺术体现了特定的时代民族精神，其不朽的艺术价值融合着周边景致，往往是文人雅士诗词歌赋的灵感来源，古往今来，有大量的文学绘画艺术作品通过描绘桥梁抒发作者内心的感受。

　　从技术上说，中华五千多年的智慧孕育出了多种多样的桥梁类型，其中大部分类型也传承延续到了现在。

　　从功能上说，桥梁本身带有交通属性，素来象征着沟通与联系，是和谐的象征，也是自古人们观赏山水风景的最佳场所，同时中国古代有大量精致的廊桥，甚至一般的步行桥也附加着商业娱乐功能。

　　所以，我们认为一个高质量的桥梁设计应当也必须是艺术、技术和功能的一体化设计，对其中任何一方面的忽视都将使设计残缺不全。这也是我们对项目的高要求。

启动区 B 组桥梁总体布局图

设计理念

我们希望为雄安桥赋予一个富有艺术性、技术性以及功能性的独特理念，并且从根本上与雄安的价值和城市特征相关联。

我们认为，该项目的关键及特殊之处在于数座桥梁空间尺度上的叠加所产生的序列性。

像很多大城市一样，伦敦拥有许多宜人的公园和河流。桥梁之间的相互关系是城市特色的重要组成部分。每座桥梁还蕴含了相邻的城市空间个性以及功能性。有些桥富有强有力的表达性，有些则与环境融为一体。有些桥具有艺术性的美感，有些则强调其功能实用性。

重要的是，很多桥梁的背后蕴含着特别的故事，这使它们在连接城市各地的同时更具深意。我们也想为雄安桥序列设计出多层特色与内涵。因此，在了解桥梁之间的关系以及为每座桥梁创建特殊且与城市相关的特性之后，我们从中国传统山水画的层叠技法中汲取了相同的灵感，进行概念设计。

中国艺术家用非常特殊的层叠笔魂墨韵表现出山水的景深，动静结合地描述了一幅幅诗情画意的图景。因此，我们的设计理念是利用中式美学，将雄安桥作为连接的基础。运用创新的技术将优雅的现代化桥梁层层叠加，形成基于中国绘画方法的和谐共融的桥梁序列。运用山水画笔，我们将传统元素附加在桥梁之上，使每座桥梁既可作为独立的个体，也可联系成为一个整体。重要的是，每座桥梁都蕴含其独特的意义和故事，成为雄安市民以及游客心中难以忘怀的美好记忆。

B-5 号孺子桥人视图

B-13 号扶摇桥车行图

B-6 号宠乐桥人视图

B-18 号观鲤桥人视图

重点桥梁方案说明

峰
MOUNTAIN

- 峰桥来自山水画中最为常见的层叠起伏的山峰。

- 峰桥与桥边步道相结合形成云雾缭绕感的层叠山峦，与喷泉相结合形成山与泉的交叠。

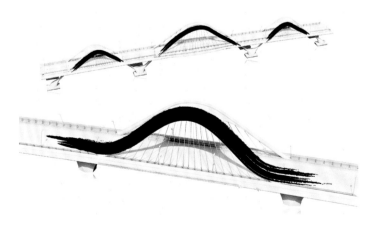

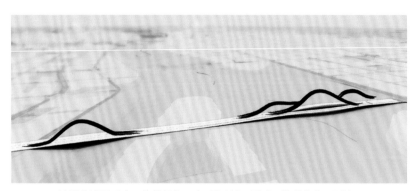

蜿蜒的拱形呼应了传统桥的元素，同时桥下形成了独特的曲面形态。

→ 压力 Compression
→ 拉力 Tension
→ 反力 Reaction

桥梁采用连续梁拱组合上承式拱桥，空腹部分由拱肋、立柱和加劲梁组成。

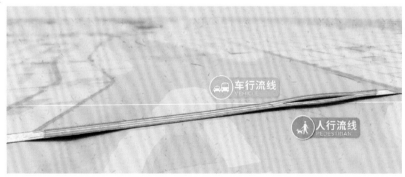

🚗 车行流线 VEHICLE

🚶 人行流线 PEDESTRIAN

在两侧增加步道缓坡使人顺地势变化进入景观之中。

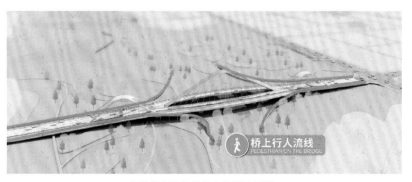

🚶 桥上行人流线 PEDESTRIAN ON THE BRIDGE

体验具有连续性的丰富湿地景观。

B-15 号碧影桥人视图

舟
BOAT

- 舟桥来自于山水画中的轻舟。

- 舟桥地标性的向上杆件如同湖上扁舟，也是作为桥身的斜拉支撑主体，桥上的门洞以及桥柱的设计语言和谐一致。

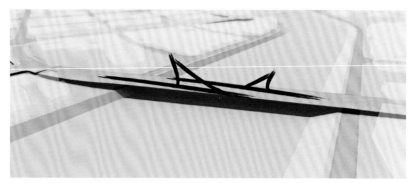

桥塔结构和拉索区将车行道和人行道隔开，确保了交通的安全性与舒适性。

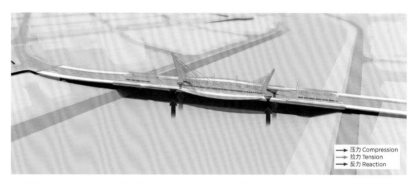

桥为无背索斜拉桥，主梁采用钢结构，主塔采用钢混组合结构，斜拉索采用扇形布置。

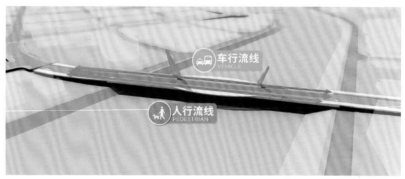

桥下布置圆形游戏场地与户外课堂。

旋转步道的连接将桥上与桥下打造成一个整体的游乐与教育空间。

B-14 号清涟桥人视图

B-14 号清涟桥车行图

优胜奖

相逢　欢聚　归隐

团队成员： 方亚非、郄才富、孙巍、冯闰梁、张锦辉、董立、黄文文、莫军飞、Johannes Dell、Ralf Dietl、戚毅君、Stefan Kornmann、缪凌琰、Axel Bienhaus、Kathrin Gallus、Christoph Tillmann、Damien Theron、于炳清、Jens Wittig、林媛、刘宓宓、Ron Reck、Veronika Velak、Michael Mangold

参赛组别： 容东专业组

参赛人（团队）： 华东建筑设计研究院有限公司（牵头人）、AS+P Albert Speer+Partner GmbH 联合体

获奖团队简介

华东建筑设计研究院有限公司

华东建筑设计研究院有限公司成立于 1952 年，是新中国第一批大型建筑设计咨询企业之一。

定位为以工程设计咨询为核心，为城镇建设提供高品质综合解决方案的集成服务供应商。公司拥有 60 多年的历史，连续 10 多年被美国《工程新闻纪录》(ENR) 列入 "全球工程设计公司 150 强"，在 2018 年发布的 ENR 最新排名中，集团位列 "全球工程设计公司 150 强" 的第 63 位。

AS+P Albert Speer+Partner GmbH

AS+P 是德国规模最大的建筑和规划设计事务所之一。我们提供全方位的设计服务，包含规划、建筑、室内、景观和实施管理。我们坚持客户至上的理念，深入了解客户目标和策略，为客户打造既富有创意又能带来价值的独特设计解决方案。

德国著名规划大师阿尔伯特·施佩尔教授（Prof. Albert Speer）于 1964 年在德国法兰克福创立了 AS+P。公司总部位于法兰克福，并在中国上海设立了分公司，拥有超过 200 名的设计师。

AS+P 是德国绿色建筑 DGNB 标准的编撰者之一。2015 年 AS+P 获得由欧洲房地产协会授予的 "德国最佳建筑事务所" 荣誉。

整体鸟瞰图

设计说明

　　设计试图在桥梁功能性的基础上，深入理解桥梁与城市的关系。从公共领域角度理解的桥梁设计目标主要包括6大要素：使用场景、通行需求、空间尺度、观赏角度、材质风格、生态永续。

　　本方案针对14座桥梁的6大要素进行分析和解读，将桥梁群组分为三大主题片区。从东到西，将容东绿廊桥梁主题定义为"相逢"，突出门廊概念，金湖公园桥梁主题为"欢聚"，突出交往与流动，悦容公园主题为"归隐"，突出归于自然融于自然。落实到具体桥梁上，11-13号桥，属于相逢，4-10，以及14号桥，属于欢聚，而1-3号桥属于归隐。

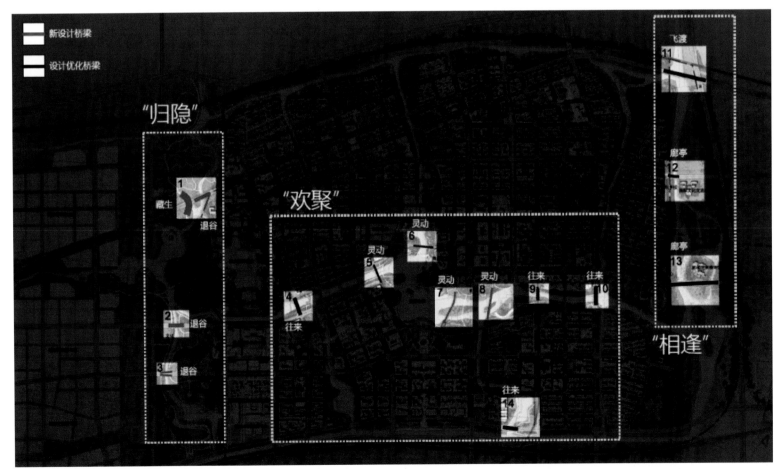

容东片区桥梁总体布局图

设计理念

"相逢"

设计灵感取自于当地乡愁和乡土情怀，通过对于乡土景观、材料的提炼和演绎，展示传统与乡土的门廊意象。

设计将该板块的三座桥分为两类：11号桥飞渡桥，作为唯一上跨京雄高速的门户桥梁，将乡土文化融入桥梁设计，作为形象展示的标志。12、13号桥打造为两座廊亭桥，将桥梁作为周边公共文化建筑的前厅。

"欢聚"

针对欢聚主题，设计运用时尚简约、动感流畅的设计语言塑造具有现代感的桥梁；同时在细节设计上体现人与人之间交往的温度感。

片区内9座桥梁被分为两类：5、6、7、8号桥灵动桥，围绕中心湖区展开。4、9、10、14号桥往来桥，位于狭长绿带，人流密集，设计上以慢行优先，注重人流的交往和体验。

"归隐"

在主题上呼应归隐的主题，回归乡土，回归自然，在桥梁整体风格上不再追求浓墨重彩。设计灵感均取自白洋淀的"渔猎文化"，一方水土养一方人，白洋淀是鱼米之乡，渔猎文化是白洋淀独有的风土人情，极好地体现了归隐的主题。

设计将该板块的四座桥分为两类：#1a号桥为藏生桥，是一条有温度的生态走廊，#1b、2-3号桥为退谷桥，突出风土人情，归于自然。

11号飞渡桥京雄高速行车视角

12号廊亭桥行车视角

13号廊亭桥鸟瞰效果图

5号灵动桥鸟瞰效果图

重点桥梁方案说明

11 号飞渡桥

11 号飞渡桥位于容东绿廊片区"相逢"板块，是唯一上跨京雄高速的门户桥梁。

设计在已完成的桥梁结构设计的基础上，增加独立步行桥和休憩亭，体现乡土文化基因，创造立体门户感知。另一方面通过独立人行桥设计，实现快慢分离，人车分离，并连接绿道，缩短跨桥步行距离，形成洄游路径。

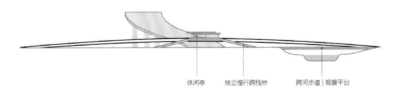

休闲亭　　独立慢行跨线桥　　跨河步道 | 观景平台

11 号飞渡桥人视效果图

13 号廊亭桥

13 号廊亭桥位于容东绿廊片区"相逢"板块，临近体育馆、民俗博物馆和国际交流中心。设计提取传统廊亭桥概念，运用现代建筑设计手法与之结合，体现传统园林观景意境，同时形成公共文化建筑前厅，为人流提供等候、展示等功能。廊亭桥尊重和依循原始梁柱桥结构设计，在结构受力设计和空间序列设计上与桥下结构保持一致，强化原始桥梁的结构美。同时，为往来公共文化设施的行人提供灰空间，实现等候、展示等功能。

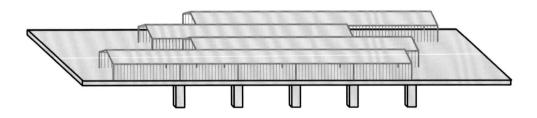

13 号廊亭桥鸟瞰效果图

13 号廊亭桥行车视角效果图

5 号灵动桥

5 号灵动桥位于金湖公园片区"欢聚"板块，以具有雕塑感的形式，界定公园核心水体边界，并强化慢行联系，延续公园活动场所。设计在已有梁柱结构的基础上，设置慢行坡道，实现公园与桥之间的垂直联系，并提供缓坡绿地；桥上的两侧人行道增加景观顶棚，形成地标焦点，也为行人提供了灰空间。

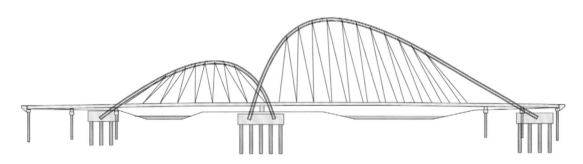

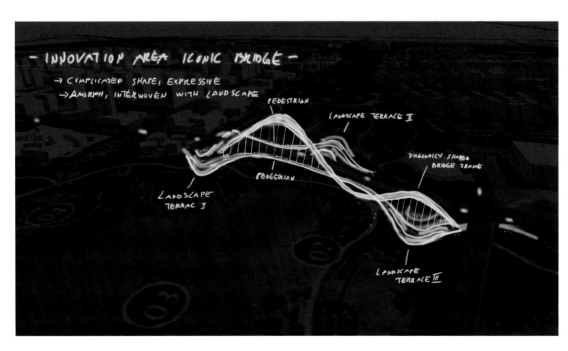

5 号灵动桥鸟瞰效果图

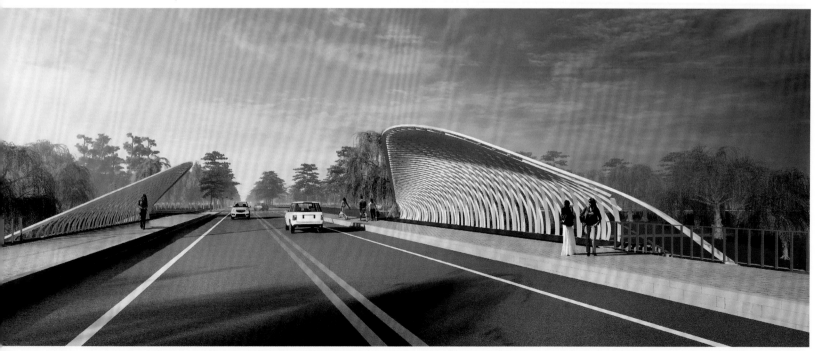

5 号灵动桥行车视角效果图

7号灵动桥效果图

入围

一桥一世界

团队成员： 庄慎、朱捷、李立德、郭炜、邱梅、王迪、黎家泓
参赛组别： 容东专业组
参赛人（团队）： 上海阿科米星建筑设计事务所有限公司

获奖团队简介

上海阿科米星建筑设计事务所有限公司

    阿科米星建筑设计事务所成立于 2009 年 7 月，由庄慎、任皓创建，唐煜、朱捷加入合伙，华霞虹担任文化顾问。事务所经过近 10 年的建设，已经成为国内公认的一流事务所且拥有建筑设计事务所甲级资质，被众多媒体誉为"明星事务所""中国建筑设计的中坚力量"。合伙人具有国家一级注册建筑师资质，且具有近 20 年的执业经验，获得国内外颁发的十多项荣誉，并参加过十多个国内外的顶级展览。

整体鸟瞰图

设计说明

　　根据容东片区空间规划布局，14 座桥梁整体分布呈现"两轴一连"的空间形态。1 号、2 号、3 号桥梁从北向南依次分布于容东组团西侧的悦容公园，是重要的生态园林廊道和城市活力核心。4 号 ~10 号桥梁沿容东片区金湖公园横向展开。11 号、12 号、13 号桥梁由北向南分布于容东绿廊，14 号桥梁位于容东片区南侧。

容东片区桥梁总体布局图

3 号历合湾鸟瞰图

设计理念

"一桥一世界"：桥不仅是通行，也是一个世界。

"一桥一色彩"：每座桥都应该有自己的环境色。

"一桥一主题"：为每座桥起一个名，命名是事物的灵魂。

离合原则：实行人、非机动车、机动车三者空间灵活分离、组合的空间形式策略。

标准化车行，个性化人行：设计的原则是将车行部分维持标准的市政设计不变，将人车、非机动车慢行部分作为空间与形式创新部分设计，结合各桥梁加位置环境，周边的功能需求，自身的功能提升，形象的设计，相互的关联与看视关系，形成"一桥一世界"的个性设计。

6 号桃蹊桥鸟瞰图

9 号绿坡抬院鸟瞰图

重点桥梁方案说明

7 号桥 玉带红绸

公园湖上 景观融入

　　7 号桥位于金湖公园核心位置的东侧，南岸为容东城市客厅并紧临演艺中心，北岸联系商业文化中心，西侧是金湖公园核心，东侧为河道景观；主体混凝土拱券桥略显浅灰绿色，呈现出细腻的玉带般的体量，而环形跑步道内侧红外侧绿，回应运动的氛围但在外又融入景观；二者一实一虚的体量交融便如玉带红绸。

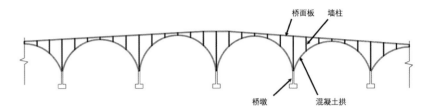

7 号玉带红绸结构分析图

环形步道 立体交叉

　　桥主体区分为线型交通部分，辅之以环形公共景观部分，步行可从交通部分走向环形中的景观公共空间与跑步道；主桥玉带是 15 孔的拱券桥，用当代的混凝土技术建造跨度与结构体的恰当比例，并在拱间植乔木妆点，以古为新。红绸是环绕玉带的人行景观跑步廊，廊道轻透，上下起伏与主桥穿插，融合桥与公园，实现全民运动空间的先期建设与城市形象增值。

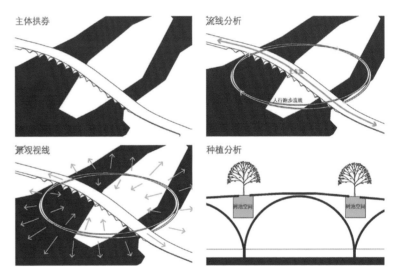

7 号玉带红绸结构分析图

7 号玉带红绸鸟瞰图

7 号玉带红绸车视图

链 Connecting

团队成员： Benedetta Tagliabue、Elena Nedelcu、Stefan Geenen、Joan Callís
参赛组别： 容东专业组
参赛人（团队）： Miralles Tagliabue EMBT,S.L.P.

获奖团队简介

Miralles Tagliabue EMBT,S.L.P.

Miralles Tagliabue EMBT 是一个受到国际认可的建筑事务所，由 Enric Miralles 与 Benedetta Tagliabue 于 1994 年在巴塞罗那成立。在合作期间，EMBT 完成了诸如苏格兰议会大厦、乌得勒支市政厅、巴塞罗那天然气公司总部、圣·卡特琳娜市场等著名项目。

在 2000 年 Enric 去世后，Benedetta 便独自领导 EMBT，完成了包括上海 2010 世博会西班牙国家馆在内的诸多新项目。自 2015 年至今，Benedetta 担任普利兹克奖评委会成员。

EMBT 对于建筑、规划、景观和室内设计有一套成熟的方法并积累了丰富的经验。今天，EMBT 在巴塞罗那和上海均设有办公室，同时在进行位于世界各地的多个项目。

EMBT 曾获得 2002 年的加泰罗尼亚全国大奖、2005 年的 RIBA 斯特林奖、2006 年的西班牙国家大奖、2005 年和 2009 年的巴塞罗那城市大奖、2000 年和 2003 年的 FAD 奖以及 2007 年和 2010 年 WAF 奖。

整体鸟瞰图

设计说明

　　跨越悦容公园的 1、2、3 号桥梁，将把西南方向的政务、金融、数字产业、商业和住宅功能与西北方向的产业和居住服务连接起来。横跨金湖公园的 4、5、6、7、8、9、14 号桥梁，将南接演艺中心和居住功能，北连商业中心、创意孵化中心和创业产业园。跨越容东绿廊的 10、11、12、13 号桥，将东南方向的工业设计、电子商务、传统产业市场和居住功能，与东北方向的创新企业孵化、时尚设计、高端高新产业、商业以及居住功能连接在一起。

容东片区桥梁总体布局图

设计理念

"连接"，这个关键词汇，将确保城市良好运转的基本功能。这一系列的桥梁，不仅连接了重要的城市功能，它们还将城市居民引至水畔，变成了城市活力的支撑平台。需要牢记的是，这些桥梁应作为可持续的城市设施加以运营，它们将改善居民的生活体验。

好似大型植物廊架，桥上各种类型的植被花卉竞相开放。它们改善了空气质量等绿色数据，还不忘减少占地面积，以保护其下方的自然生态系统。所有这些设计元素都是绝对必要的，但它们本身并不足以创造独特性和宏伟性。

1,2,3 号悦容公园鸟瞰图

4,5,6 号金湖公园鸟瞰图

7,8,9 号金湖公园鸟瞰图

10,11,12,13 号容东绿廊桥鸟瞰图

重点桥梁方案说明

1号 悦容公园桥

悦容公园1号桥群的设计以东方桥梁的概念为灵感，从中国古典园林的小桥流水与汤东杰布的悬索桥中汲取营养。这个公园将我们引领至中国最壮观的风景；一次穿越自然美景的旅程……巍峨的群山、和谐的森林、五彩的花园、宁静的水路……公园中的桥梁将优雅地反映出中国艺术及文化中的诗意。这个设计将唤起一种穿越山岭的感觉，一种跨越山谷的激情……桥梁悬浮在空气中。关键的设计要素是"气"。人们在感受风的同时也会注意到在结构上悬索的运动。桥梁的主要结构体系将是悬索，以向"铁桥制造者"建立的铁索桥致敬。

1号悦容公园设计理念

1号悦容公园桥鸟瞰图

1号悦容公园桥视角图

5 号 金湖公园桥

　　凯撒大帝建造的木桥激发了我们对金湖公园 5 号桥的设计灵感。在宽阔的水面上，我们设置了形态各异的漂浮平台，再现出原生态的田园地貌。这是一个供人们散步和观光的新场所，这里将进行文化活动、野餐、休闲和露天运动……这个设计将唤起人们在水面上漫步的感觉。人们接近水面，体验平静……桥梁漂浮在一些木制平台上。关键的设计要素是"水"。这些桥梁将按照传统的方式建造，在利用可持续材料面向未来的同时，它们与文化传统紧密相连。

5 号金湖公园桥设计理念

5 号金湖公园桥效果图

5 号金湖公园桥视角图

优胜奖

绿廊上的城市之星

团队成员： 陆峥嵘、李超、曹海顺、David Jean Stavros、任国红、李贤婧、Stephane Lasserre、徐文华、汪红竟、寿立冰、何盛柱、任宏业、吴建强、虞夏深、杨春、龚立轩、毛项杰、张海晔、任佳妮、武学军、吴莹莹、冯波、马海峰、朱群、尤健、白红兰

参赛组别： 昝岗专业组

参赛人（团队）： 上海林同炎李国豪土建工程咨询有限公司（牵头人）、B+H ARCHITECTS CORP. 联合体

获奖团队简介

上海林同炎李国豪土建工程咨询有限公司

林李公司成立于 1993 年，是国内首家以名人名字命名的土建设计及咨询机构。林同炎先生是闻名中外的土木工程界大师，第一位亚裔美国工程院院士；李国豪先生是国内外著名的桥梁力学专家、中国科学院和中国工程院双院士、同济大学原校长。两位创始人怀着振兴中国桥梁、建筑事业的心愿创办了林李公司。

林李公司集聚中美双方的技术优势，主要承担各种类型的建筑、道路与桥梁的咨询、设计工作，持有中华人民共和国住房和城乡建设部及国家发展和改革委员会颁发的甲级工程设计证书和工程咨询甲级资质证书。拥有一批经验丰富的技术专家，曾独立或与境内外多家著名设计事务所共同合作承担多项国内外重大工程。

B+H ARCHITECTS CORP.

B+H 是一家拥有 67 年历史、屡获殊荣的国际性公司，为客户提供咨询＋设计解决方案，打造大胆而富有灵感的空间。B+H 提供的服务包括建筑、规划、室内和景观设计。

B+H 总部位于多伦多，在温哥华、卡尔加里、西雅图、洛杉矶、迪拜、上海、香港、新加坡和胡志明市都设有办公室。项目类型包括酒店、医疗、商业、教育、娱乐、综合体、零售、工业、公共服务、住宅、体育和交通。

B+H 上海工作室成立于 1992 年，在中国先后合作过的客户包括：微软、阿斯利康、哥伦比亚中国、腾讯、招商局、万达、绿地等。超过 25 年的在华执业经验，使得 B+H 对中国文化、审美、建设规范有着深入的理解，持续为客户提供有效、富有灵感和价值驱动型的设计解决方案。

总体鸟瞰图

设计说明

　　昝岗片区共选择6座桥梁进行方案征集，其中1号、2号桥梁位于雄安站东侧市民乐活公园，3号、4号、5号桥梁位于昝岗片区西南侧涞河谷（新盖房分洪道）上，6号桥梁位于K1快速路上。

昝岗片区桥梁总体布局图

设计理念

"师法自然、天人合一"是本方案的总体构思原则。以人为本的理念构成了具有中国特色、时代特征的桥梁设计要素，根植于传统，创新融合于现代。以自然景观形态为源泉，现代简洁流线为造型，于细节处体现人文关怀，打造新时代督岗片区"人文自然交响曲"，塑造中国特色的新时代桥梁。

桥梁方案中充分考虑同一区块内多座桥梁景观形态的协调性和丰富性，形成和谐有序又独具特色、丰富多元的桥梁序列。通过与周边环境的融合，充分考虑桥梁与周边建筑、公园、绿地等城市要素的协调性，展现桥园一体、人文鲜明、宜居宜业的当代城市面貌。

1号乐动桥鸟瞰图

3号雨鹭桥主桥效果图

4号雨虹桥总体效果图

5号雨荷桥总体效果图

重点桥梁方案说明

3 号 雨鹭桥

3 号桥位于涞河生态湿地水廊，是淀东片区重要的生态景观廊道，注重人与自然交流互动。两侧堤岸间距 1180m，堤岸内外分别为湿地公园和城市公园。根据涞河谷控规，在涞河谷内建设较窄子槽，宽度在 50~100 米之间。

3 号桥位于昝岗片区西南侧涞河谷（新盖房分洪道）上，桥位处相交水系左堤设计洪水位 12.76 米、设计高程 14.76 米、桥底最低设计高程 19.26 米；右堤设计洪水位 12.58 米、设计高程 14.58 米、桥底最低设计高程 19.08 米。桥梁设计采用左右分幅布置，桥梁总长度 1800m。其中主桥采用中承式系杆拱桥，立于涞河谷湿地中央，桥梁布跨为 65+150+150+65=430m，桥宽 48.5m。

桥梁设计灵感来源于湿地鹭鸟，鹭鸟作为生态坏境评价的一类指示动物，落于涞河谷中央，表达出保护自然生态，人与自然和谐相处的涞河谷核心生态理念，桥梁形态如缓缓降落在雨虹公园上休憩的鹭鸟，取名"雨鹭"。本方案涞河谷上桥梁设计均以生态交互为中心思想，桥梁以柔美的拱类结构为主，通过平滑的结构曲线与湿地公园更好地融合在一起，体现结构与生态协调统一。结合桥梁高低错落的通廊视线搭配，将以桥梁序列空间为基调的新时代自然人文交响曲推向高潮。

设计手绘稿

3号雨鹭桥水上透视图

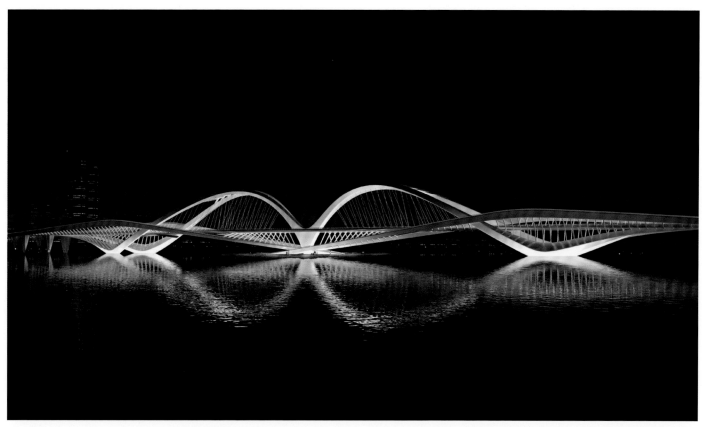

3号雨鹭桥夜晚透视图

4 号 雨虹桥

4 号桥位与 3 号桥设计条件相似，桥梁位于涞河谷，两侧堤岸间距 1300m，堤岸内外分别为湿地公园和城市公园。桥梁西侧 500m 处为雄安铁路线。

4 号两侧堤坝堤顶标高 15.15m，堤顶宽 16m，总宽 100m，桥梁需上跨堤坝，保证堤顶路上 4.5m 净空。由于涞河谷中的河道均为小型子槽，且为季节性河流，桥梁形式选用与 3 号桥保持一致，采用拱类结构，使涞河谷上桥梁序列保持统一，体现生态融入理念。

桥梁设计采用整幅布置，桥梁总长度 2030m。其中两堤坝之间桥梁采用下承式系杆拱桥，桥梁跨径布置为 13×80=1040m，桥宽为 44，刚梁柔拱。主梁采用钢混叠合梁结构，梁高 3.0m，主拱采用钢箱拱肋，拱肋失高 20m，两侧涞河谷堤坝处桥梁仍采用下承式系杆拱桥，刚梁柔拱结构，桥宽 44m，跨径布置为 80+120+80=280m。主梁采用预应力现浇混凝土箱梁结构，支点处梁高 5.5m，跨中处梁高 2.5m，主拱采用钢箱拱肋，拱肋失高 35m。

桥梁创意来源于《阿房宫赋》中的"复道行空，不霁何虹"，将桥梁与彩虹的造型合而为一，取名"雨虹"，寓意桥梁仿佛一道道彩虹连绵不绝，穿越装点涞河谷城市公园。

设计手绘稿

4 号雨虹桥车行俯瞰图

4 号雨虹桥桥下观景图

1 号乐动桥、2 号乐活桥

1 号和 2 号桥梁的设计条件、功能定位、桥梁规模均类似，因此将这 2 座桥梁作为姊妹桥同源设计。

1 号、2 号桥梁位于绿谷游苑带中部，南侧为市民乐活公园，周边用地以一类综合用地为主，西南侧为体育用地。桥梁沿地块绿地构建，便于市民日常生活和健身，衔接城市绿道及区域绿道。

从以上条件分析，1 号、2 号桥梁规模较小，跨越河道无通航要求，桥梁离道路交叉口较近，桥梁结构本身适合小跨径桥梁以尽量使桥面够低，整体融入性更强。可以考虑在同一维度下，不同层次的设计。

桥梁跨径布置设计为 3×20m 的简支空心板桥，桥梁总长 60m。桥梁横向分三幅，中幅为三跨简支空心板梁桥，桥宽 30m，为机动车道及机非分隔带；两边幅为钢箱梁结构，桥宽 7~18m 变化，为绿化带非机动车道及人行道部分，桥梁总宽度为 44~55m 变化。

桥梁灵感来源于自然元素水波造型，设计理念取自"水，利万物而不争"的道家思想，符合此处桥梁与周边环境相融合的核心理念。两座桥梁分别取名乐韵、乐动，体现水波缓缓流动的优美韵律。桥梁整体形态如同荡漾的水波般在城市中缓缓呼吸、生生流转，展现建筑形态与自然环境的完美统一。桥梁沟通两岸的绿地，方便居民出行与休憩，桥梁在区块中不显突兀，路、桥、景融为一体，实现桥在水上、人在景中的美好绿色城市意象。

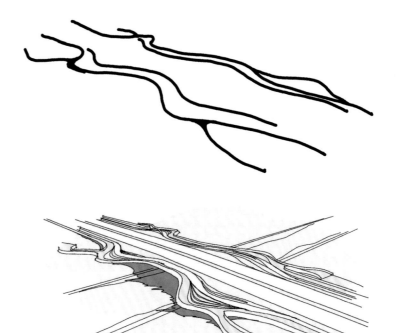

设计手绘稿

1号乐动桥夜景效果图

2号乐活桥夜景效果图

1号乐动桥日景俯视图

高质量背景下中国特色雄安桥梁设计方案征集

团队成员： Reinhard Braun、Christoph Liske、Thorsten Helbig、蔡单婵、于沛沣、胡业、Bas van der Beek、李夏、Pascal Damon、Jochen Riederer、Volker Hass、李建敏

参赛组别： 昝岗专业组

参赛人（团队）： SBA GmbH(牵头人)、Knippers Helbig GmbH 联合体

获奖团队简介

SBA GmbH

SBA GmbH 是一家从事城市规划、城市设计、建筑设计的专业设计咨询机构，总部位于德国巴登—符腾堡州斯图加特市，在德国慕尼黑、中国上海设有分公司。SBA 是德国可持续建筑标准（DGNB）会员以及德国标准化机构（DIN）智慧城市标准编委会成员。同时也是德国最大的科研机构 Fraunhofer 研究机构的建筑物理研究所的合作伙伴，在智慧城市、海绵城市、城市能源系统、新型建筑材料、BIM 技术、建筑物室内温湿环境等多个领域享有实用性的合作科研成果。

Knippers Helbig GmbH

Knippers Helbig GmbH 是一支由结构和立面工程师组成的跨学科设计团队，在斯图加特、纽约和柏林设有办事处。规划、开发和设计各种创新结构和建筑围墙、教育机构、住宅建筑物和办公大楼、博物馆、桥梁和体育场、机场、公共艺术品和雕塑等。我们与业主、建筑师和其他学科领域的专家共同开发综合设计理念，从设计开始参与到项目最终建设中。通过运用工程专业知识，我们协助专门从事外墙和专业结构设计的公司分析和详细设计世界各地技术和几何复杂的项目。

总体鸟瞰图

设计说明

白洋淀桥梁历史源远流长，见证着白洋淀与雄安新区的变化与发展，是雄县人民记忆中的乡愁。白洋淀桥梁以上承式拱桥和梁桥为主，跨度长短不一，材料多样，经历了木材、石材和钢筋混凝土的变化。

以现代化的方式表现传统文化元素，保存历史记忆，留住乡愁，将白洋淀DNA刻画在雄安新区的新血液里。

以现代化的手法保留历史元素，新规划桥梁应该体现"白洋淀DNA"和"新时代精神"，以符合"千年大计"的新区定位。

整体设计践行可持续性原则，打造具有地标性的，提供观光旅游、社会娱乐、慢行连接等功能的桥梁。

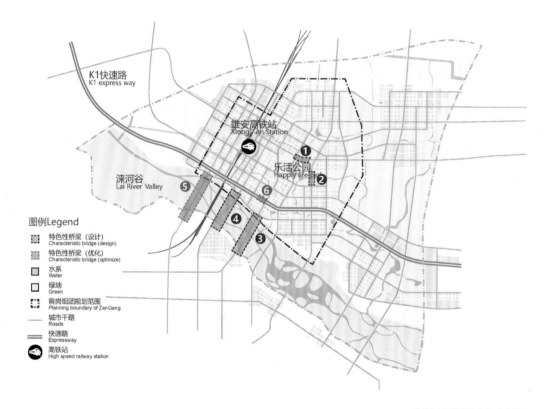

昝岗片区桥梁总体布局图

设计理念

桥梁设计不应该只是本身，无论从形态，材料的运用，到宣传的理念，都应考虑其在城市系统中的角色。

提出三个设计原则

（1）低碳设计：关注材料的生命周期，减少碳足迹，构建生态良好的交通。

（2）弹性设计：应对未来发展，分期建设应对不同阶段通行需求，预留发展空间。

（3）模块化施工：可缩短施工周期，获得良好经济效益。

提出三个设计策略

（1）快慢行系统结构分离：分离快慢行系统，以适应不同的车速和慢行速度，创造多元空间体验。

（2）高差设计创造趣味性空间和联系：实现车行慢行分流、增强慢行空间趣味性、亲近滨水生态景观。

（3）观景平台与慢行系统的融合：善用周边丰富的景观资源，打造慢行路径进入公园的切入点。

1号桥效果图

2号桥效果图

3号桥效果图

5号桥效果图

重点桥梁方案说明

1号桥

1号桥位于雄安高铁站东侧的市民乐活公园,周围主要是文化和公共服务设施用地,不仅需要满足必要的通行,还要提供休闲观光功能。

设计构思:"行云流水"

形态取自水流动的特性,注重与市民乐活公园水系的景观融合,在桥梁的两侧都分别设置观景阶梯式大平台,与桥下公园慢行绿道衔接,使行人能直接进入公园。且对桥头及附近河段进行景观处理,从而充分展现桥梁与周围景观的和谐之美,在桥梁的中间处,休闲慢行道路慢慢升高至一定高处,设置观景大露台,并配置休息木座椅。

方案生成

(1) 人行桥和自行车桥与汽车桥分离,材料和施工分离。

(2) 使用木材作为天然材料,以提高缓慢交通空间的吸引力。

(3) 行人专用道,休息区作为露台,连接桥梁和景观。

(4) 行人和骑自行车者可通过阶梯状观景平台进入公园。

(5) 快速通行人行道和自行车道 + 休闲慢行步道。

基本参数

(1) 跨径布置:净跨径 25~40m,桥全长 636m。

(2) 横断面布置:机动车道 30.5m,非机动快速通行道 11m,休闲慢行道 2.5~7m。

1号桥效果图

1号桥效果图

入围

昝岗片区桥梁方案设计

团队成员： 许静、Matthias Bauer、Robin Sham 岑肇雄、陆榮傑、Stephen Fairhurst、
李彦军、付辉、张璐、温浩、董辉、鲁子明、孙明哲、刘宸、李志刚、王美娜
参赛组别： 昝岗专业组
参赛人（团队）： 伟信（天津）工程咨询有限公司（牵头人）、
天津市市政工程设计研究院联合体

获奖团队简介

伟信（天津）工程咨询有限公司

伟信（天津）工程咨询有限公司，主要提供环境研究及工程、公路
及城镇设施项目、工业与民用建筑工程和相关工程的咨询、勘察设计、
项目管理、监理服务，我们一直以服务顾客为前提，恪守信誉，一切以
使合作客户获利更多、发展更快为宗旨，以用户满意为最终目标。本着
追求品质、高效发展、热情服务的办事原则，致力于打造业内品牌，诚
挚邀请新老客户在经济建设大潮中携手并进，共同发展！

天津市市政工程设计研究院

天津市市政工程设计研究院始建于 1949 年 10 月 18 日，是中华人
民共和国成立之后组建的首批市政设计单位之一，国内专业最齐全的市
政设计单位之一，国家认证的高新技术企业。

作为综合型国家甲级设计研究院，取得商务部批准的对外经营权，
并成为商务部对外援助成套项目管理企业。

恪守"以质量求生存，以创新谋发展，以服务赢信誉，以品牌占市场"
的经营宗旨，致力于创新引领的国际型工程公司发展愿景，坚持设计理
念更新，跟踪技术发展前沿，与国内外同人合作共赢，开启美好未来。

涞河谷鸟瞰图

设计说明

　　1号、2号桥梁位于雄安站东侧市民乐活公园。

　　3号、4号、5号桥梁位于昝岗片区西南侧涞河谷（新盖房分洪道）。

　　6号桥梁位于K1快速路。

　　作为"点"而存在的桥梁，通过视线和观览路线与相邻的桥梁形成呼应，正如两颗、数颗相邻的星星形成星座。

　　而"星座"将作为"点"而存在的桥梁黏结、融合起来，形成一个独立的影响层，向周边尚未存在的、或沉睡已久的桥梁发出更为饱满的环境信息。

昝岗片区桥梁总体布局图

设计理念

1号、2号桥是乐活公园与城市的过渡点，定义了乐活公园的水体范围。

清新明亮、小巧细腻的桥梁形态将会影响和引导相邻的桥梁，形成富有居住区惬意宜居特点的城市风貌。

3号、4号、5号桥奠定的涞河谷山水架构桥梁形态将由3号桥向东传递，并依照桥位具体环境加以进化，将"天龙"向东延伸，形成丰富而和谐的涞河谷桥梁群。

6号桥位于快速路上，会将简洁、明快、畅通、疾速的特质及富于对比的色彩构成沿快速路向东西传递。

1号2号桥乐活.双子水面日景

3号4号5号桥门户.天龙水面日景

6号桥疾风.天火水面日景

4 号桥效果图

重点桥梁方案说明

4 号桥

4 号桥将摩天轮与桥梁相结合，作为涞河谷上一道亮丽的风景线，使其成为地区性的标志性建筑，综合娱乐、餐饮，文化等商业功能，打造 360 度的乐活水岸。

摩天轮造型简洁干练，高大雄伟，桥梁整体造型流畅，线条柔美，二者结合相得益彰。

坐落于涞河谷景观带，成为景观带上的视觉焦点。

构建功能、景观、娱乐、旅游多元一体化的新型桥梁。

4 号桥效果图

4 号桥效果图

4 号桥鸟瞰夜景效果图

2.2 专业组获奖名单

启动区专业组 A 组：

一等奖：北京市市政工程设计研究总院有限公司、West 8 urban design & landscape architecture B.V.

二等奖：Wilkinson Eyre Asia Pacific Limited

启动区专业组 B 组：

一等奖：刘宇扬工作室有限公司、上海市政工程设计研究总院（集团）有限公司

二等奖：法国何斐德建筑设计公司（Frederic Rolland International）、玛博（北京）建筑结构设计咨询有限责任公司

容东专业组：

优胜奖：华东建筑设计研究院有限公司、AS+P Albert Speer+Partner GmbH

昝岗专业组：

优胜奖：上海林同炎李国豪土建工程咨询有限公司、B+H ARCHITECTS CORP.

其他入围单位（排名不分先后）：

斯艾文建筑设计顾问（北京）有限公司、宋腾添玛沙帝建筑工程设计咨询（北京）有限公司

MJP International Limited、Werner Sobek AG

NEXT architects

Niek Roozen bv、ipv Delft international bv

dsw Architekten GmbH、Bänziger Partner AG

CHAPMAN TAYLOR LLP(查普门泰勒）、中国市政工程华北设计研究总院有限公司

上海阿科米星建筑设计事务所有限公司

Miralles Tagliabue EMBT,S.L.P.

SBA GmbH、Knippers Helbig GmbH

伟信（天津）工程咨询有限公司、天津市市政工程设计研究院

第三章

公众组优秀作品

启动区桥梁方案征集公众竞赛，是面向大众征集优秀的桥梁设计方案。旨在集思广益、博采众长，充分拓展设计思路，提高方案的创新性、开放性，把启动区城市桥梁打造为彰显中国特色、体现雄安质量、展示新区风貌的精品桥梁。

本章对公众竞赛优秀作品进行汇编。选取了一、二、三等奖、最佳创意奖、优秀奖及参与奖作品，展示优秀作品设计方案及创作理念，并附上获奖名单。

3.1 公众组优秀作品

一等奖　最佳创意奖

红色绸带

参赛组别：公众组

参赛人（团队）：贾文钊、蔡哲理、黄雨哲

设计桥梁：7 号桥

创作理念

我们以中国民间传统的红色绸带为概念进行展开：首先，红色本身不仅仅是中国传统文化当中主要色调的代表色，中国红也已经成为中华民族的象征；其次，增加红色元素寓意着能为雄安新区的未来发展在中国传统元素的基调下带来新的活力，而通过绸带，寓意着"一带一路"倡议下的雄安新区在未来会成为改革开放的又一核心区域；最重要的是：借助红色绸带线性且自然的线条构成的形体，将河流两岸景观功能有机地融合在一起，行人、自行车分流的做法以及景观台阶的引入，为河流两岸工作和生活的人群提供一个"可观赏、可休憩、可游玩"的核心景观节点区，为雄安新区的建设增添了新的活力。

7 号桥人视点效果图

7 号桥鸟瞰效果图

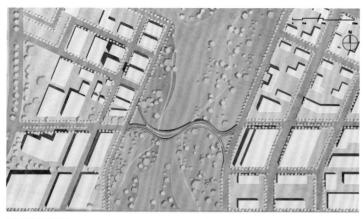

7 号桥总平面图

7 号桥人视点透视图

7 号桥人视点透视图

7 号桥人视点透视图

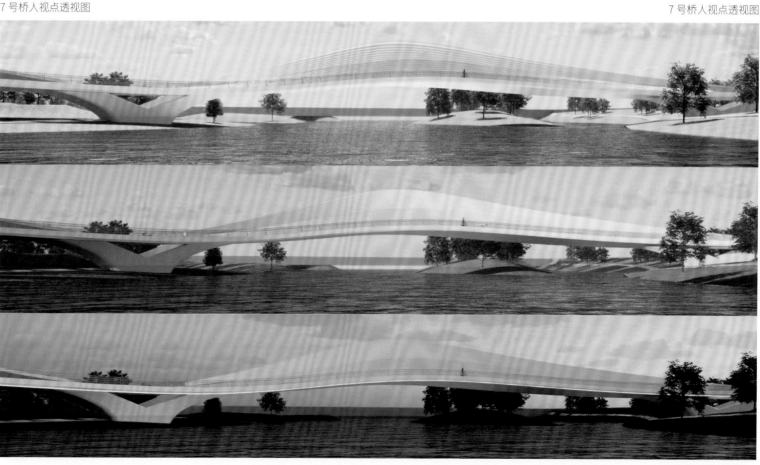

7 号桥人视点透视图

白洋淀——渔舟唱晚

二等奖

参赛组别： 公众组

参赛人（团队）： 康震、呼和满达

设计桥梁： 7号桥

国际标准
优美有张力的雕塑造型，代表国际水平的艺术性。

时代精神
结构体系勇于创新，打破常规。造型的特殊性带给城市更刺激的体验。

地域特色
从白洋淀的渔淀风光中汲取灵感，采用渔网、撑杆为意向，传承地域特色和本地风貌。

7号桥概念阐述图

创作理念

国际标准

优美有张力的雕塑造型，代表国际水平的艺术性。

时代精神

结构体系勇于创新，打破常规。造型的特殊性带给城市更刺激的体验。

两侧不对称的拉网，呈现更多的风景，使得风景不会被拉索网遮挡隔开。

地域特色

从白洋淀的渔淀风光中汲取灵感，采用渔网、撑杆为意向，传承地域特色和本地风貌。

7号桥鸟瞰效果图

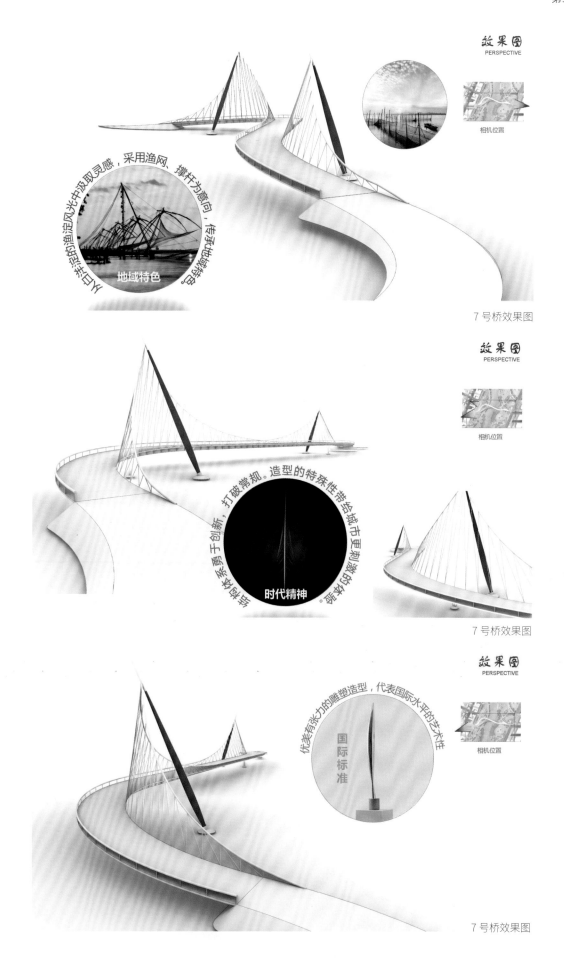

效果图
PERSPECTIVE

相机位置

从白洋淀的渔淀风光中汲取灵感，采用渔网、撑杆为意向

地域特色

7号桥效果图

效果图
PERSPECTIVE

相机位置

桥的整体系勇于创新，打破常规。造型的特殊性带给城市更刺激的生命力。

时代精神

7号桥效果图

效果图
PERSPECTIVE

相机位置

优美有张力的雕塑造型，代表国际水平的艺术性

国际标准

7号桥效果图

海市蜃楼

参赛组别： 公众组
参赛人（团队）： 姜齐冰、蒋琏、秦颖、何承祐
设计桥梁： 9号桥

创作理念

本方案9#桥通过三铰拱这一经典的力学模型，轻松地将三地联系在一起，并有效地减小了结构尺度。无论在哪个方向看，本桥都呈现出纤细而优雅的月牙形，如同空中彩虹一般。在三个引桥交会的湖中央，桥面上布置成了一座绿化公园，远远望去宛如海市蜃楼漂浮在水面上的绿色小岛。通过水面的倒影，形成了地面具有

9号桥效果图

天空、水中都能看见的绿色森林的景象。这样的做法旨在将桥这一具有通行功能的构筑物融入场地环境，使其不单只有被动的通行属性，更强调其本身对于统一这一区域的点睛作用。

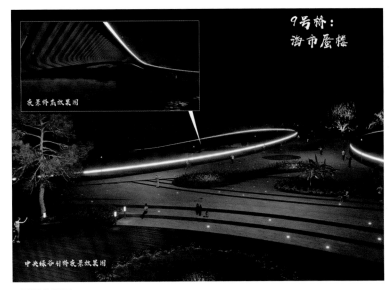

9号桥效果图

9号桥效果图

9 号桥剖面图

9 号桥效果图

穿梭智慧长廊

参赛组别： 公众组

参赛人（团队）： 孙鹏、陈红真、金玮

设计桥梁： 4 号桥

创作理念

　　4# 桥——穿梭智慧长廊。桥梁晶莹剔透，宛若坠入溪流的宝石，散发出魅力的光芒。引桥和主桥虚实结合，大尺度的曲面造型形成了流畅的过渡衔接，大大缓和了原桥直线条的生硬。桥梁横跨中央绿谷，中央绿谷沿主要南北河道纵贯启动区、穿越城市中心，形成大尺度的宽阔绿廊，是城市中心多功能综合性的活力水岸，中央绿谷北部规划布局花园、湿地、活力滨水场所等公共活动空间；此外桥梁位于城市绿环上，（桥梁中段）汇智园规划设一处绿道驿站。人行桥中，如穿越时空，感受到桥梁充满韵律的变化，或变宽，或下降，或柳暗花明，或移步换景。将简单的通行变成揽胜之旅，把都市的紧张变为身心的愉悦。

4 号桥效果图

4 号桥效果图

4 号桥效果图

4 号桥效果图

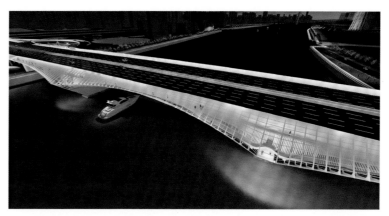

4 号桥效果图

4 号桥效果图

4 号桥效果图

三等奖

下一座桥

参赛组别： 公众组

参赛人（团队）： 翟珂、乔博

设计桥梁： 6 号桥

创作理念

启动区环金融岛地区及北部科创区是雄安新区率先建设区域。城市整体规划设计已经展开，作为连接内部各区域的毛细血管的桥梁设计还未定形。选取的 6 号桥梁西侧为高端高新产业与科研用地，东侧为商业、文化服务业用地。它的未来应该怎样？成为另一个立交桥遍布的区域？或者爱护并进一步促进人与水的亲近活动？

设计从桥梁的历史发展反思当地所需的设计宗旨，意在以自然为主的休闲和接待设施、活力滨水场所以及

6 号桥人视角效果图

以休闲娱乐为主的公共活动空间为主。我们从船与桥梁形式中获得启发，创造了一种发展模式可以反映当下对于高效的追求，又能进一步扩大桥梁在人的尺度，亲密性，个性化标识上所呈现的空间质量，并进而创造出桥梁和功能层面的多样性。

6 号桥鸟瞰效果图

6 号桥人视角效果图

6 号桥河岸视角夜景图

三等奖

苇淀 同游

参赛组别： 公众组

参赛人（团队）： 焦驰宇、李春青、乔宏、王广哲、刘洋

设计桥梁： 1-10 号桥

创作理念

本次 10 座桥梁设计以"生态苇淀"为总主题，结合"水、草、苇、莲、荷；雁、蜓、鱼、舟、人"等静、动元素，构想了一幅生态白洋淀的美妙画卷。

同时在设计中，充分贯彻了前述"中华风范、淀泊风光、创新风尚"的城市风貌。中华文化崇尚"天人合一、道法自然"，本次桥梁设计中采用了中国古代文人诗词中经常出现的"水、草、苇、莲、荷"为设计创意，充分诠释了白洋淀的淀泊风光，并在以梁、拱、悬、索、吊为基本桥形的基础上，进行了大胆创新，设计创意引领风尚。

此外，本设计中，穿插考虑了"中西合璧、以中为

3 号桥效果图

主、古今交融"的建筑特色要求。设计中将西方近几年城市设计的无背索斜塔斜拉桥、异形拱桥等进行吸收，注入了"中国水墨画"形神兼备的创意灵魂。并在设计创意中，强调中华文化"天人合一"的艺术灵魂。将古代拱桥与当代梁桥、古代的帆船与现代的斜拉桥充分结合，体现了古今交融的设计思想。

1、2 号桥效果图

5 号桥效果图

8 号桥效果图

7 号桥效果图

6 号桥效果图

10 号桥效果图

9 号桥效果图

4 号桥效果图

科创带 生态廊

参赛组别： 公众组

参赛人（团队）： 翟百君、王熊、赵越超

设计桥梁： 1-10 号桥

创作理念

所有桥梁均位于双谷生态廊道之上，所以整体应以生态为主要设计理念，同时结合当地的一些特色文化，以现代化的处理手法展现桥梁之美，即满足雄安新区的整体定位。

2 号桥效果图

1 号桥效果图

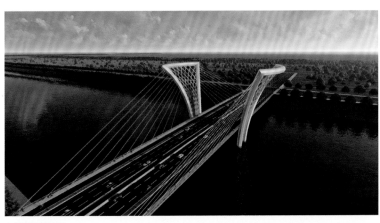

3 号桥效果图

5 号桥效果图

6 号桥效果图

7 号桥效果图

8 号桥效果图

9 号桥效果图

10 号桥效果图

4 号桥效果图

惊鸿

参赛组别： 公众组

参赛人（团队）： 袁佳、王一迦、刘海涛、唐瑶

设计桥梁： 1 号桥

创作理念

　　方案延续中式建筑的生动曲线，将水面翱翔的飞鸟作为设计元素，雁身化为优美的曲线横跨江面，好似翱翔于江面窜入水中，展现出翩若惊鸿的生动景象；中部线条细腻的扇状支撑犹如挺立的莲叶，整体挺拔秀丽，不仅表现结构上的稳定连续及强劲力感与跨越力，还展现这座大桥现代、向上、进取的精神风貌。

1 号桥设计背景图

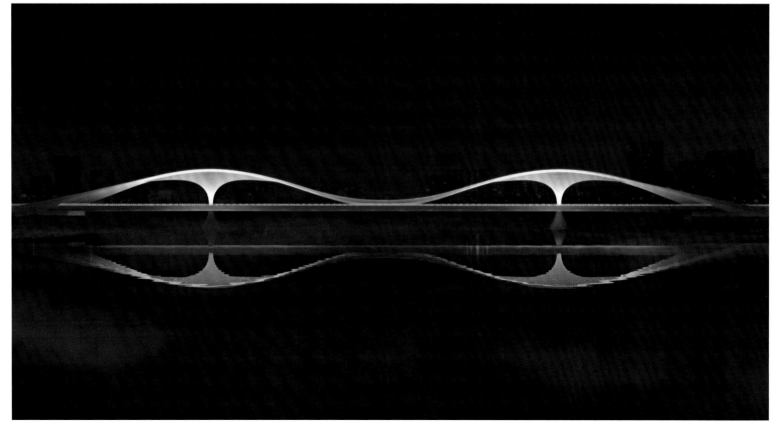

1 号桥效果图

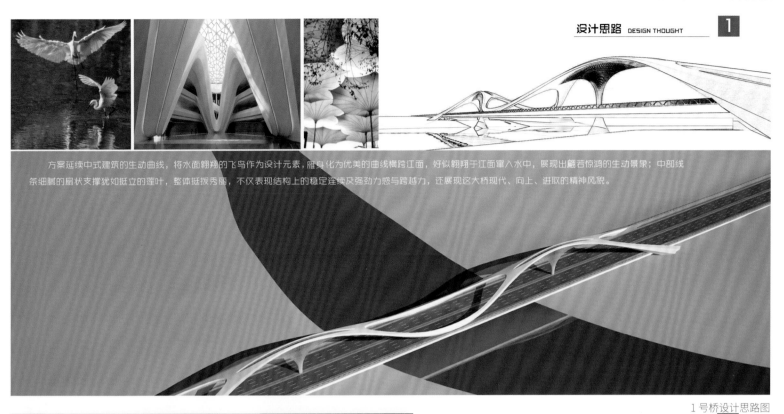

　　方案延续中式建筑的生动曲线，将水面翱翔的飞鸟作为设计元素，幻身化为优美的曲线横跨江面，好似翱翔于江面窜入水中，展现出翩若惊鸿的生动景象；中部线条细腻的扇状支撑犹如挺立的莲叶，整体挺拔秀丽，不仅表现结构上的稳定连续及强劲力感与跨越力，还展现这大桥现代、向上、进取的精神风貌。

1号桥设计思路图

设计说明 DESCRIPTION OF DESIGN 1

中心构架 玻璃多面体

路侧人行道
可根据观景需求
加宽至5m

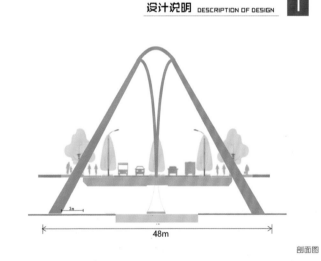

剖面图

48m

85m　170m　85m

正立面图

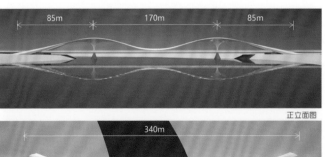

340m

48m

平面图

1号桥设计说明图

203

雄安桥梁设计方案

参赛组别： 公众组
参赛人（团队）： 孙翔、吴盈佳
设计桥梁： 1-10 号桥

创作理念

蓝绿交织、水城共融是雄安新区的生态底色，在起步区控制性规划和启动区控制性详细规划中明确提出，坚持生态优先、绿色发展、顺应自然、保护自然，构建以生态绿环、绿心、绿廊、绿网为支撑的绿色空间构架，形成功能多元、布局合理的生态空间系统。桥梁所在的新城启动区中部"双谷"生态廊道浅水河溪、缀花绿草，一片生机勃勃，如同一条玉带镶嵌在山水之中，鸟语清风、环境清幽。

桥梁方案的设计将坚持打造"中西合璧、以中为主、古今交融"的建筑风貌，在塑造"中华风范、淀泊风光、创新风尚"的城市风貌的基础上，重点提炼生态环境要

3 号桥效果图

素，将现代生态与桥梁相互融合，丰富双谷廊道建筑景观，延续空间变换。从桥位环境出发，以"尊重自然、绿色生活、诗意栖居"为主题理念，从而展现雄安新区生态优先、绿色发展的未来导向。并将功能性与创新性相互结合体现本项目桥梁的独特景观。

1、2 号桥效果图

10 号桥效果图

4 号桥效果图

5 号桥效果图

6 号桥效果图

8 号桥效果图

9 号桥效果图

7 号桥效果图

雄安太阳能系列桥梁设计方案

参赛组别： 公众组

参赛人（团队）： Ding Tao Feng、刘谦、于赫

设计桥梁： 1-10 号桥

创作理念

打造生态环保科技理念的人性化低碳桥梁，立意与雄安新城的城市定位相吻合。

设计方案着重强调桥梁方案的原创性和桥梁的特色，追求不同环境配以不同的桥梁形式，使桥梁与环境和谐。

运用太阳能新技术材料与桥梁结合设计出具有低碳环保特色的景观桥梁。

桥梁设计不仅考虑解决桥梁的交通问题，还将拓展桥梁的旅游和观光功能，将桥与城市平台、观光等结合

3 号桥效果图

起来，营造别具特色的雄安桥梁景观。

在桥梁结构上选用成熟技术，对桥梁造型进行丰富的个性美化，使之成为新区建筑的一大亮点。

1、2 号桥效果图

4 号桥效果图

5 号桥效果图

BRIDGE DESIGN SCHEME IN THE STARTING AREA OF XIONGAN NEW AREA

7 号桥效果图

6 号桥效果图

9 号桥效果图

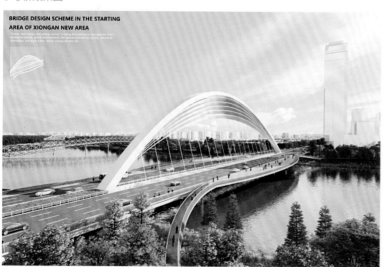

8 号桥效果图

10 号桥效果图

行游诸华之乾

参赛组别：公众组

参赛人（团队）：周海飞、王玥、尹沁雪、刘源科、包阳

设计桥梁：9号桥

创作理念

9号桥效果图

9号桥梁的S形态构建的场地格局，一方面与10号桥、城际码头构成一个向心性极强的滨水空间，一方面又转势簇拥由图书馆、美术馆、音乐厅组成的文化空间，两个空间的个性特征明显，且未来均有较大的人流量，应当充分考虑桥梁作为两个空间人群的休憩场所的可能性。分合、转折、起伏、高低，9号桥与10号桥共同构成的空间如中国阴阳之统一与互化，暗藏乾坤，两者的整合设计将极大激发场地所蕴含的空间气质与游憩价值。

闲中气象乾坤大，静处光阴宇宙清，是为"乾坤"，《系辞上》认为乾以易知，即通过变化显示智慧，是为"乾"。

9号桥鸟瞰效果图

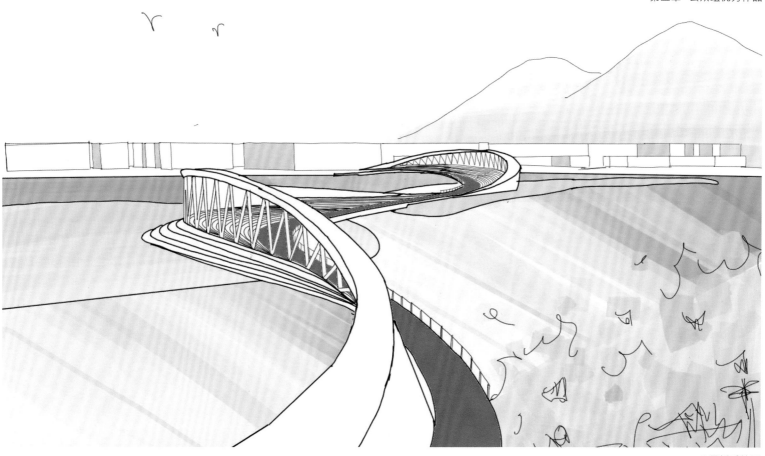

9 号桥手绘图

9 号桥效果图

鲲鹏展翅

参赛组别： 公众组

参赛人（团队）： 马水静

设计桥梁： 7、9号桥

创作理念

本设计以"鲲鹏展翅"为理念，对桥梁设计进行"展翅"形态化，根据整个拱桥的受力原理，两端舒展而中部轻巧，如同鲲鹏展开的翅膀从九天直落至河道两端，形成"其翼若垂天之云"的效果，而中部钢桁架和上部钢栏杆的设计，则勾画出翅膀在飞翔中的舒展之美，行走桥上，可让人产生乘坐鲲鹏在空中展翅飞翔的意境。

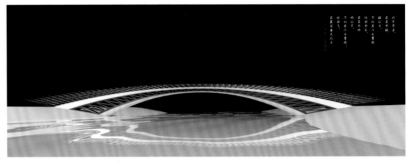

7、9号桥河道人视图

整个桥梁设计寓意我们的雄安建设既往开来，前程远大，即将创造中华民族的一番事业，实现中华民族伟大复兴的梦想。

7、9号桥效果图

大陽一日同風起，
扶揺直上九万里。
假令風歇時下來，
犹能簸却滄溟水。
《上李邕》
唐 李白

7、9号桥桥面人视图

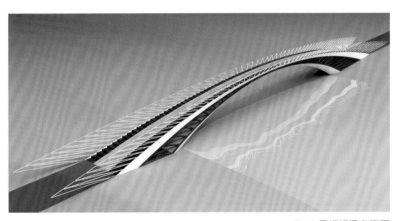

7、9号桥桥梁鸟瞰图

7、9号桥底部检修通道

7、9号桥河边人视图

盛世之音

参赛组别：公众组

参赛人（团队）：柴小鹏、温泉

设计桥梁：1-10 号桥

创作理念

本方案设计坚定不移地坚持"中西合璧、以中为主、古今交融"的原则，弘扬中华优秀传统文化、延续历史文脉，以高山流水、阳春白雪、梅花三弄等我国十大古典音乐作为设计主题。我们希望桥梁景观能展现出如古典音乐一般起伏的层次，或浅吟，或高昂，或激情，或悲壮，或悠长……我们希望漫步于雄安新区河道两岸时，能聆听到如古典音乐一般美妙的音符，是高山，是流水，是丝竹，是冬雪，是缠绵不绝的生命呼唤……我们希望身处雄安城市之中，能感受如古典音乐一般无限的可能，是我们对未来雄安的无限期待、向往与追求！

4 号桥效果图

1、2 号桥效果图

3 号桥效果图

5 号桥效果图

10 号桥效果图

6 号桥效果图

7 号桥效果图

8 号桥效果图

9 号桥效果图

圆舞曲

参赛组别：公众组

参赛人（团队）：张文

设计桥梁：1-10 号桥

创作理念

桥梁是一座城市的精华和标志，本次方案设计，从中西方的乐器造型中得到灵感，力求达到"中西合璧、以中为主、古今交融"的桥梁意象，在新区启动区环金融岛及北部科创区营造一曲优美的圆舞曲。其中，桥梁1为钢琴意象、桥梁2为古筝意象、桥梁3为手鼓意象、桥梁4为号角喇叭意象、桥梁5为木琴意象、桥梁6为二胡意象、桥梁7为竹板意象、桥梁8为箜篌意象、桥梁9为琵琶意象、桥梁10为小提琴意象。

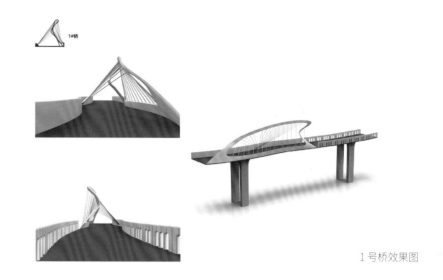

1 号桥效果图

10 座桥梁不但能成为雄安新区的新景观，而且在对历史、文化、自然环境关爱的同时，还表达出一种对社会进步、科技发展、人类力量的讴歌。

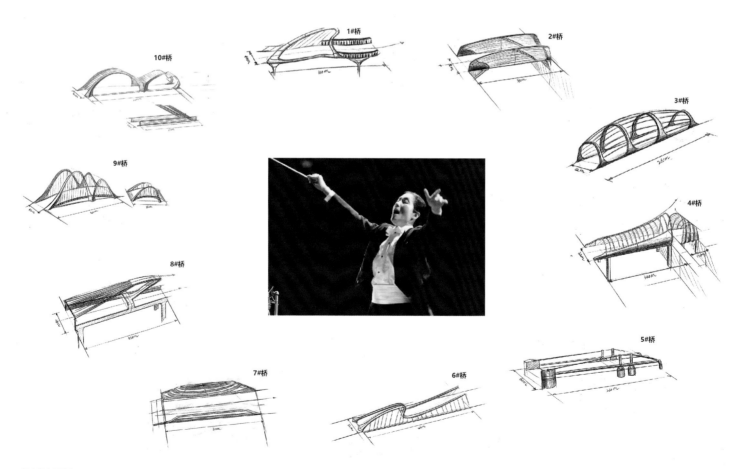

1-10 号桥效果图

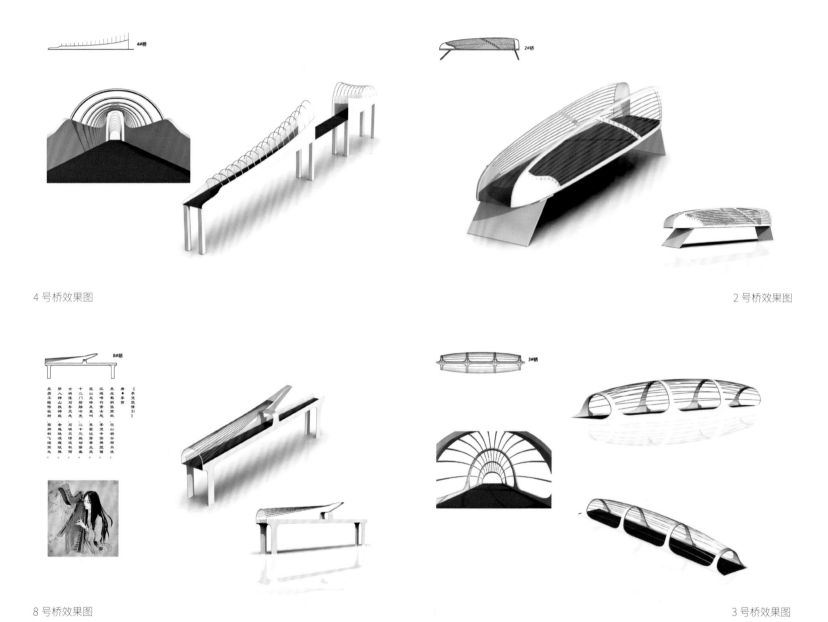

4 号桥效果图

2 号桥效果图

8 号桥效果图

3 号桥效果图

链桥

参赛组别： 公众组

参赛人（团队）： 欧仁伟、谢金容

设计桥梁： 9号桥

创作理念

生态链：桥梁处于"双谷"生态廊道上，并横跨中央绿谷核心段，连接金融岛与总部商务区。桥梁设计空中绿带，将绿化延绵至桥面，链接一岛三岸的生态景观。

骑行链、步行链：雄安新区倡导绿色出行模式，桥梁设计分流，注重多种交通方式无缝链接，设计骑行快速路，曲线环状链接一岛三岸。设计人行慢速路，平面成多曲线环状，最大程度让行人感受"双谷"生态廊道的绿色空间，曲线顶点为桥梁设计最高点，俯瞰"双谷"。

结构链：桥梁主体结构为钢结构，利用承台减少桥梁跨度，两段弧形桥面利用斜杆链接达到稳定状态。

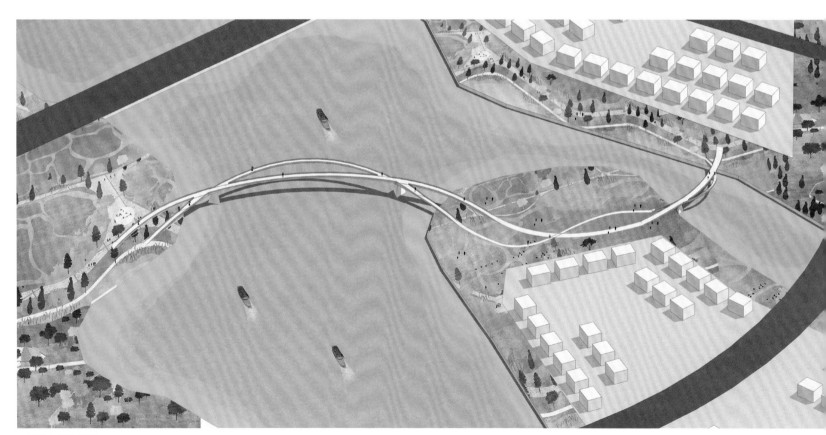

9号桥鸟瞰效果图

9号桥人视角效果图

9号桥人视角效果图

行走在云端

参赛组别： 公众组

参赛人（团队）： 孙鹏、陈红真、金玮

设计桥梁： 1号桥

创作理念

1# 桥——行走在云端，我们基于人车分离的考虑，为行人提供一种便捷且富有乐趣的行走体验。毫无疑问，雄安将是一座公园城市，桥梁，除了满足交通的功能，更要考虑行人步行的乐趣。将人行道设置在桥梁两侧的悬臂下面，可以为行人提供遮阳避雨的功能，拱形的步道，有了高低起伏的行走乐趣，也增加了人们接触水面的机会。桥面以上没有冗余的结构，干净简洁，让机动车快速地通过。

1号桥效果图

1号桥效果图

1 号桥效果图

1 号桥效果图

1 号桥效果图

畿辅水乡·景观文化·承古为新·创造未来

参赛组别： 公众组

参赛人（团队）： 李春青、张曼、赵泽阳、李博玄、刘圣楠

设计桥梁： 1-10 号桥

创作理念

本次雄安启动区桥梁方案设计借景容县、雄县、安新三县等区域的历史文化与淀泊景观特色，尤其以"容县八景""十二连桥""丝绸商路""高阳昆曲"和"宋辽古战道"等历史景观与典故为概念源泉，结合雄安自然地理环境的白洋淀区域的水乡生态生物特点，对标雄安新区在城市规划中的"北京非首都功能疏解集中承载区""高质量高水平社会主义现代化城市主城区""贯彻落实新发展理念的创新发展示范区"的高标定位，确定了十座桥的九大主题和桥名。整体寓意为在传承历史文化的基础上，结合科技创新和发展，通过桥梁的概念

1、2 号桥效果图

与形体设计，展现雄安新区承古创新、与时俱进、日竞千里的发展速度和美好未来图景。

3 号桥效果图

5 号桥效果图

6 号桥效果图

4 号桥效果图

7 号桥效果图

8 号桥效果图

9 号桥效果图

10 号桥效果图

参与奖

雄安桥梁设计方案征集

参赛组别： 公众组

参赛人（团队）： 朱洪栋、邹晔晔、汪勤、张轶东、朱佳君

设计桥梁： 1-10 号桥

创作理念

在设计中，对 10 座桥梁进行归类后，突出重点区域桥梁的标志性景观，结合本次总体构思的原则，以传承创新、生态宜居为设计初衷，结合周边建筑业态、生态绿道进行统一安排。在桥梁立意上，通过环境特点、形态特征、追忆传承等借物造景的方式对桥梁进行主题理念的创作，突出生态、宜居、宜业的美好愿景；强调桥梁除了本身的通行功能外，更是以人为本的绿色廊道，是标志性的景观工程。雄安的建设是千年之约，桥梁则是风华之笔。

6 号桥效果图

3 号桥效果图

1、2 号桥效果图　　　　　　　　　　　　　　　　　　　　4 号桥效果图　　　　　　5 号桥效果图　　　　　　8 号桥效果图

9 号桥效果图　　　　　　　　　　　　　　　　　　　　　　　　　　　　10 号桥效果图

7 号桥效果图

隐云行：云挽新月坠，淀波吹芦飘

参赛组别： 公众组

参赛人（团队）： 刘通

设计桥梁： 9号桥

9号桥半鸟瞰效果图

创作理念

　　苇絮、夜月、纤云、柔水——这些白洋淀的意象诗意地介入场地：桥体如漂浮在白洋淀中的纤云细雾，卷絮而凝空，裹缠着一弯新月坠入明珠湖一隅。桥上人绕雾而行，在路径中邂逅不同的功能场景：游走、远望、休憩、骑行，这些活动隐匿在被"云"分隔的白洋淀里。行人可以在喷雾装置下纳凉漫步，仿若步入空尘：桥、人、淀融为清晨中的一团轻雾。通过纳入景观装置，人们在云中行、游、聚、乐、抚飘飞絮，捞水中月，完全沉浸在烟波浩渺的淀泊长卷中。

　　本案结构设计采用弯月状的索塔，并利用主梁、斜拉索及若干桥墩支撑整体结构，其轻盈的姿态避免了对湿地景观的影响。而桥之形态不仅暗含"云挽新月坠、淀波吹芦飘"的传统诗意景致，也象征着腾云之势的中国雄安。

鸟瞰图 Aerial view

隐云行：云挽新月坠，淀波吹芦飘

9#场地

概念 Concept

区位分析 Site Analysis

9号桥鸟瞰效果图

9 号桥湖面视角图

9 号桥抚絮斋图

9 号桥滨水视角图

LONG

参赛组别： 公众组

参赛人（团队）： Weill Jean-Marc 威尔·让·马克、Zhao Yanni 赵燕妮、Ingold Pradel Léa、Mihaylov Momchil

设计桥梁： 7 号桥

创作理念

一个好的设计在优化中，会不断提出和解决不同维度的问题：以什么样的结构？合适的灯光投影？如何实现最优化的分区和组合？等等。什么样的特质是我们寄希望于在本项目中实现的：流动性，抽象性，现代性，平静与秩序，分类与层级，克制与规则；在实现基础功能需求的前提下，延伸且超越关于"步行廊道，空中花园，屋顶公共空间与景观"的定义。

由于雄安在中国的特殊地理政治地位，我们起初选择了具有标志意义的中国龙的形象来展开思路。

7 号桥人视图

延展的拱形，宛如盘旋的双龙，流动的形态包裹着人行道和非机动车道，视野穿过纤细的结构，能让天、河流、人物融为一个整体。

7 号桥效果图

7 号桥鸟瞰效果图

7 号桥人视图

7 号桥夜景图

生态魔方

参赛组别： 公众组

参赛人（团队）： 刘海涛、唐瑶

设计桥梁： 3 号桥

创作理念

根据桥梁两岸用地性质及规划，桥梁景观打造应以生态绿地为基础，满足周边居民亲近自然、享受社区休闲需求的综合性桥梁景观，营造生态栖居环境。

设计以生态和活力打造充满乐趣的桥梁景观，并增加人行趣味性，契合雄安新区建设成为发展绿色城市的主题思想，形成人与自然和谐发展的新格局。

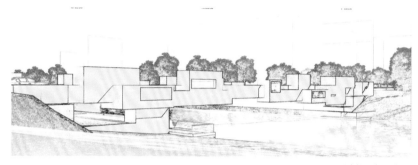

3 号桥设计思路图

3 号桥效果图

| 断面图 | 立面图 | 平面图 |

3号桥设计思路图

生态 ③ 魔方

ECOLOGICAL MAGIC CUBE
河北雄安新区启动区桥梁竞赛方案设计

技术指标：桥梁全长280m，桥宽32m，横断面布置为：3.5m(人行道)+2.5m(非机动车道)+2.5m(侧分带)+15m(车行道)+2.5m(侧分带)+2.5m(非机动车道)+3.5m(人行道)=32m。桥梁人行道、车行道宽度与所在道路保持一致，并设置无障碍设施。桥梁主梁采用预应力混凝土现浇箱梁和钢箱梁，下部结构采用钢筋混凝土桥墩，基础为承台加桩基础。

设计背景 DESIGN BACKGROUND

3号桥梁位于启动区东北部，连接科教创区与综合服务东片区。桥梁西北侧为商业服务业用地，东南侧为医疗卫生用地。桥梁南北两侧均为重点风貌区，东南侧为援建医院。办公类建筑体现端正大气，居住类建筑体现典雅质朴。

桥梁景观打造应以生态绿地为基础，营造满足周边居民亲近自然、享受社区休闲需求的综合性桥梁景观，营造生态栖居环境。

生动 现代

3号桥设计背景图

霞光

参与奖

参赛组别： 公众组

参赛人（团队）： 袁佳、王一迦、刘海涛、唐瑶

设计桥梁： 7 号桥

创作理念

7 号桥梁处于区域绿道上，并横跨中央绿谷核心段，周边规划布设多个休闲活动绿地和公共空间，桥梁景观打造应充分体现城市文化生活，展现城市魅力，打造可观可游可赏的城市桥梁。设计灵感源自白洋淀都晚霞，夕阳映着飘逸的云朵，云丝缭绕。桥梁选取其飘逸柔美的线条造型，两条上下交错的人行通道，形成空间桥面，提升桥梁观景维度。人们可以随着桥面起伏变换，感受不同视角的水面风采，在增加游客体验性与趣味性的同时极具地域特色。

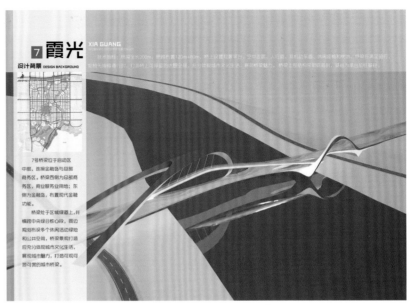

7 号桥设计背景图

7 号桥效果图

精巧
趣味

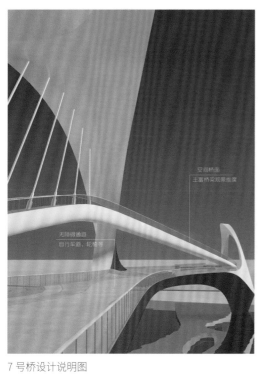

正立面图

7号桥设计说明图

7号桥效果图

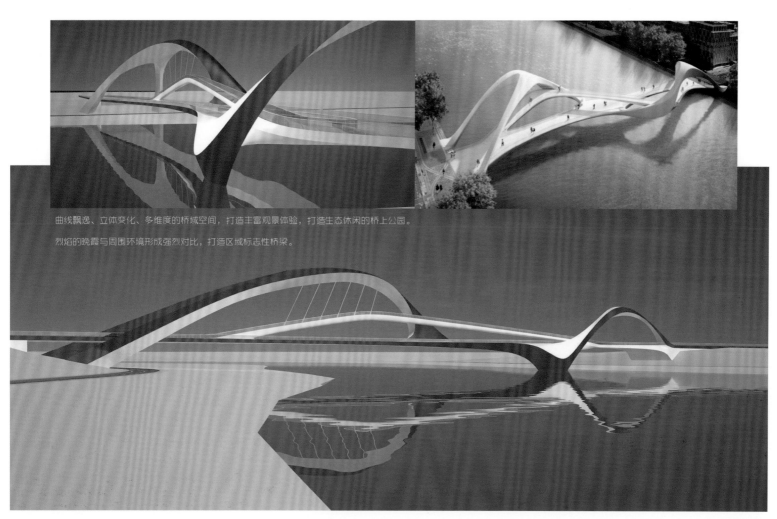

曲线飘逸、立体变化、多维度的桥域空间，打造丰富观景体验，打造生态休闲的桥上公园。

烈焰的晚霞与周围环境形成强烈对比，打造区域标志性桥梁。

7号桥效果图

朝凤桥

参赛组别： 公众组

参赛人（团队）： 田维军

设计桥梁： 7 号桥

7 号桥效果图

创作理念

打造结构美和寓意美统一的景观桥梁。

雄安新区的建设举世瞩目，将用最先进的理念和国际一流的水准进行城市设计，建设标杆工程，打造城市建设的典范。城市经济文化的蓬勃发展，离不开四通八达的道路系统，而桥梁是交通脉络上最重要的节点。优秀的桥梁设计不仅交通功能完备，往往成为城市的形象、区域的地标，甚至成为经济文化的代表，所以桥梁工程的功能与价值是广泛长远的。对桥梁设计师来讲，建设结构美与寓意美统一的桥梁才是不变的理念。

翘首向东 展翼心索 摆尾为亭 栖于水 通两岸 预搏飞 居雄姿

桥梁效果图
BRIDGE RENDERINGS

7 号桥效果图

7 号桥效果图

7 号桥效果图

7 号桥效果图

7 号桥效果图

神奇的太极环

参赛组别：公众组

参赛人（团队）：孙鹏、陈红真、金玮

设计桥梁：5 号桥

创作理念

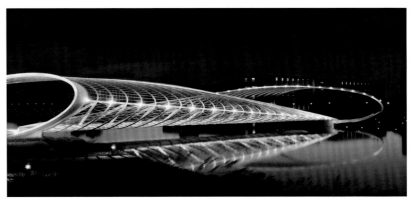

5 号桥效果图

　　5# 桥——神奇的太极环。我们知道，太极是我们的传统符号，代表着我们对自然的认识。5# 桥横跨中央绿谷，中央绿谷沿主要南北河道纵贯启动区、穿越城市中心，形成大尺度的宽阔绿廊，是城市中心多功能、综合性的活力水岸，中央绿谷北部规划布局花园、湿地、活力滨水场所等公共活动空间，桥东岸规划布置一处河滨公园，桥西岸布置一处运动中心公园和一处绿道驿站。我们借用太极的符号，形成了两个反对称的环状结构，

就是对我们自己文化的表达。另外，受萨拉戈萨廊桥等桥梁的表皮启迪，我们将大曲面、鲨鱼磷化的表皮也运用到我们方案中，采用透明发光太阳能聚光器（TLSC），采用有机盐吸收人眼不可见的波长的光。创造出透明光伏电池，实现绿色建筑的理念。

5 号桥效果图

5 号桥效果图

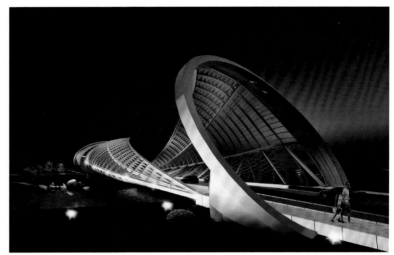

5 号桥效果图

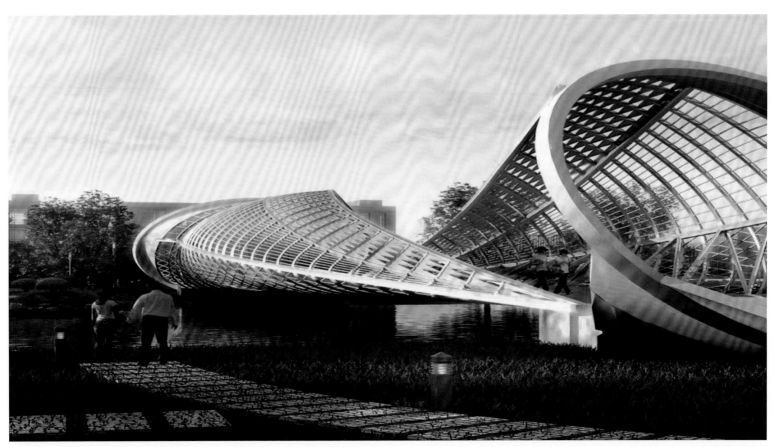

5 号桥效果图

慢行"鱼"桥

参赛组别：公众组

参赛人（团队）：张楠

设计桥梁：7 号桥

创作理念

七号桥"慢行'鱼'桥"既被作为景观观赏，又是集其他观赏、休憩交往、文化传承的功能于一体慢行景观交流文化之桥。桥梁整体设计为展现雄安白洋淀的特色捕鱼文化，采用了"鱼"的形态来设计桥梁。在桥梁增加孔洞等设施，使桥梁下面及两侧的水系绿化等景观可以渗透到桥面上，让行人可以从多个角度来观赏周围的美景。在桥面上增加公共空间，可以使人们在桥梁上有更多的空间来进行休息、交流、表演、健身、观景等

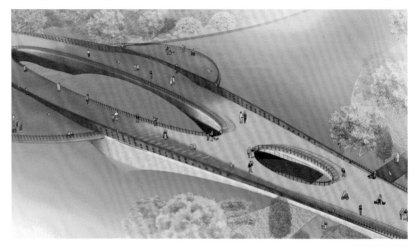

7 号桥效果图

活动，这样使得桥梁不仅仅是一处交通联系设施，还是一处供人们交往的公共场所。

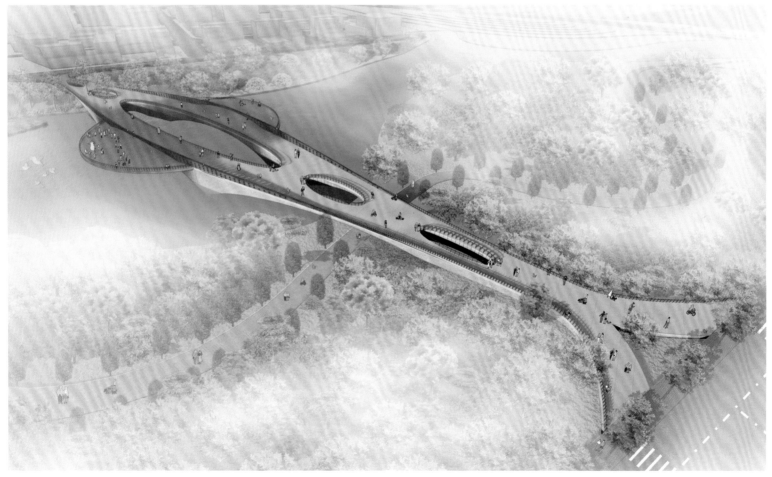

7 号桥效果图

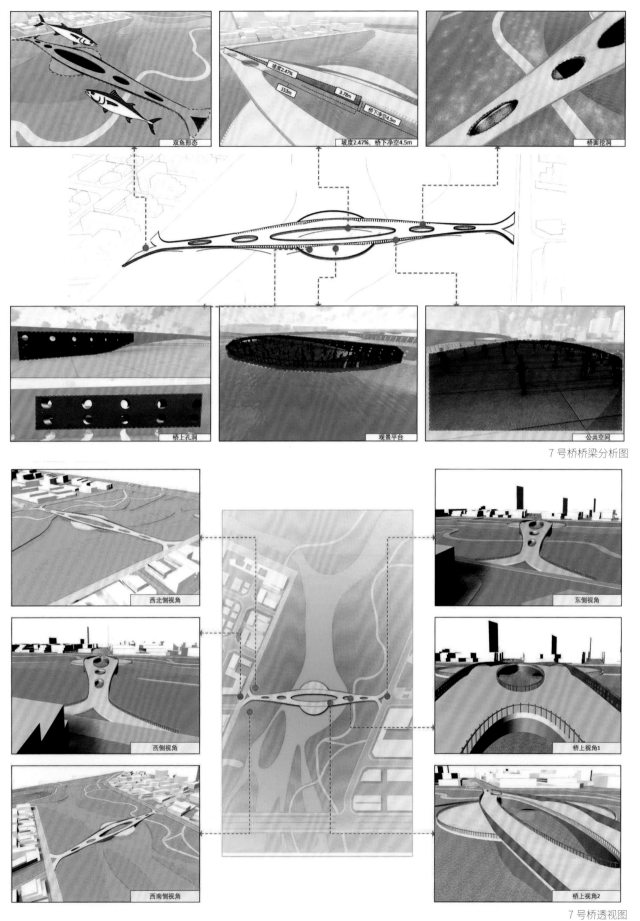

双鱼形态

坡度2.47%，桥下净空4.5m

桥面挖洞

桥上孔洞

观景平台

公共空间

7号桥桥梁分析图

西北侧视角

东侧视角

西侧视角

桥上视角1

西南侧视角

桥上视角2

7号桥透视图

星灿桥

参赛组别： 公众组

参赛人（团队）： 吕磊、李娟

设计桥梁： 7 号桥

创作理念

　　无艺术不桥梁，同自然融为一体的星灿桥，灵感源于划过天际的繁星，那充满遐想的棱角，无可挑剔的弧线，好似通往天际的指南针，指引人们探索更为高远的未来世界。设计采用双侧无背索斜拉方案，充满神秘的力量感，整体立面呈现简洁的几何造型，契合科技金融的前瞻性，更灵动于四季自然，它不仅是一座步行桥，更代表了两岸综合体的创造力，令人流连忘返、美不胜收。

7 号桥效果图

7 号桥效果图

7 号桥效果图

7 号桥效果图

9 号桥效果图

蓝绿廊

参赛组别： 公众组

参赛人（团队）： 翟百君、王熊、赵越超

设计桥梁： 1-10 号桥

创作理念

所有桥梁均位于双谷生态廊道之上，所以整体应以生态为主要设计理念，同时结合当地的一些特色文化以现代化的处理手法展现桥梁之美，即满足雄安新区的整体定位。

4 号桥效果图

3 号桥效果图

2 号桥效果图

1 号桥效果图

5 号桥效果图

10 号桥效果图

6 号桥效果图

7 号桥效果图

8 号桥效果图

息桥

参 与 奖

参赛组别：公众组

参赛人（团队）：黄哲语、刘宏卿、关晓玉

设计桥梁：6号桥

创作理念

　　桥以"息"为名，《说文解字》有言，"息者，喘也，从心从自，自亦东聲。相即切"，以"息"命桥名，旨在说明此桥为体现自然律动、生物之气息而造；"息"又有"息土"之意，息土乃上古治水神物，可自生造化，繁衍万物，以"息"为桥名，又有愿河海无患，四海清平之寓意。此"息桥"凌于河道之上，若虹飞乍现，若白练著空，与周围景色浑然一体，观之似不是人造之物，而是原本就坐落此间，高楼耸立，波光绿树，皆与此桥相得益彰。

6号桥车视景观效果图

　　总体而言，此桥之设计，重在和谐之美，生命之息。在架构两岸通行之纽带的同时，最大程度上体现和环境的融合之感。以生命之气息，给置身都市的人们哪怕片刻的宁静与心灵的畅游。

6号桥效果图

6 号桥非机动车道仰视效果图

6 号桥车视景观效果图

飞天桥

参赛组别： 公众组

参赛人（团队）： 陈丹、杨硕、王利宇、马学振

设计桥梁： 1号桥

创作理念

从敦煌壁画《飞天》中汲取灵感，借鉴其轻盈舒展的线条来创造拱的意向，桥梁衔接东西两侧的艺术区与居住社区，配合高质量滨水艺术和办公场所、多样的表演型室外空间，人行道与绿谷步道合理衔接，打造轻巧灵动、文艺生动、简约大气的特色桥梁风景。

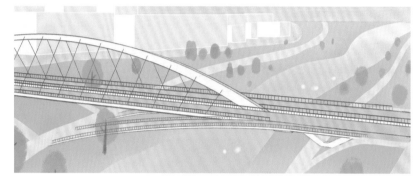

1号桥效果图

1号桥效果图

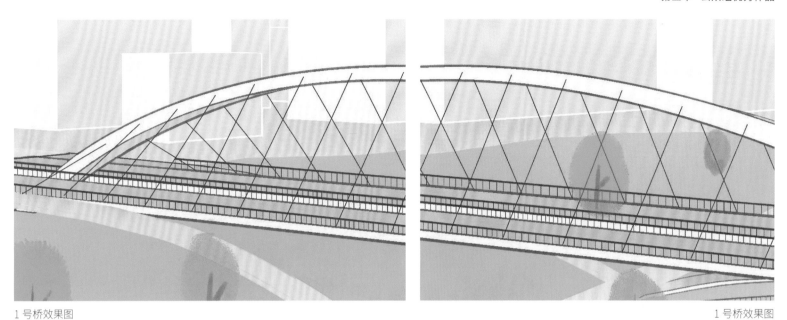

1号桥效果图

1号桥效果图

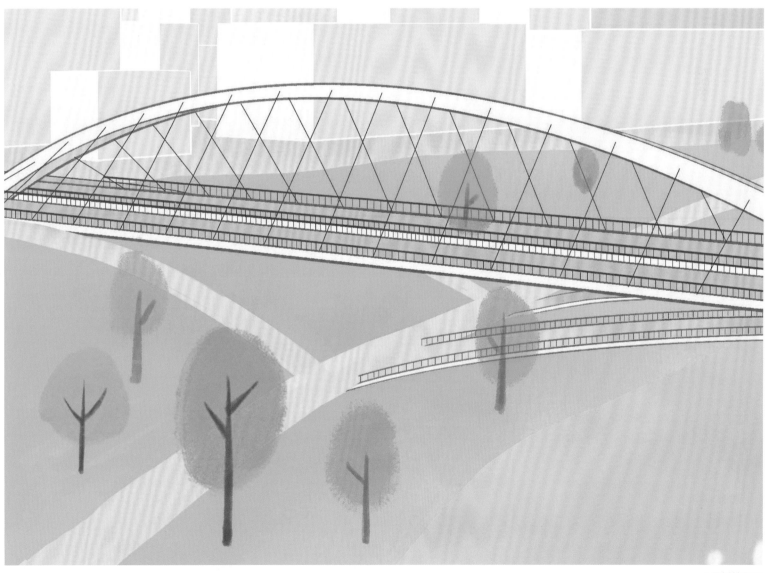

1号桥效果图

参与奖

日出·雄安

参赛组别： 公众组

参赛人（团队）： 向卫、唐全民

设计桥梁： 8 号桥

创作理念

新区需要一个拼搏奋进的地标！以淀泊绿洲中缓缓升起的朝阳，象征雄安带来的希望和未来。以自然生态蔓延的绿洲纽带，串联起雄安的城市各区！

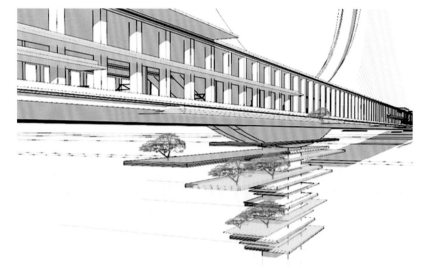

8 号桥效果图

8 号桥效果图

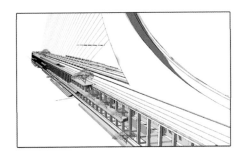  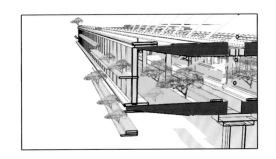

一座会呼吸的生态绿桥

An ecological green bridge that breathes

8 号桥效果图

8 号桥效果图

玥带桥

参赛组别： 公众组

参赛人（团队）： 王学楠

设计桥梁： 7 号桥

创作理念

7 号步行桥，根据桥梁所处位置中的景观链接及交通衔接需求，从空间上处理轴线关系，并以步行桥的使用功能为基础，形成同时满足步行、健步、骑行三条不同坡度需求的通行线路，并形成具有丰富活力的弧形空间关系。因 7 号桥梁所处功能区主要为金融办公，设计者希望以这种主题形式，传达低碳绿色、强身健体的理念，并营造雄安新区亲切活泼的主题氛围。

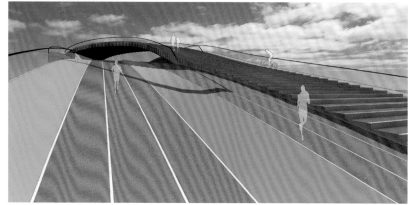

7 号桥起点视角图

7 号桥鸟瞰效果图

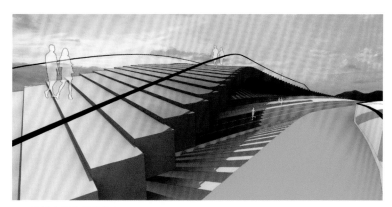
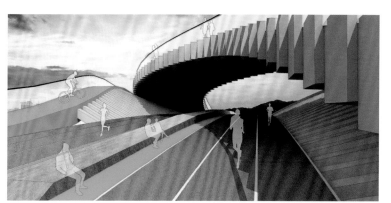

7 号桥步行流线视角图

7 号桥健步动线视角图

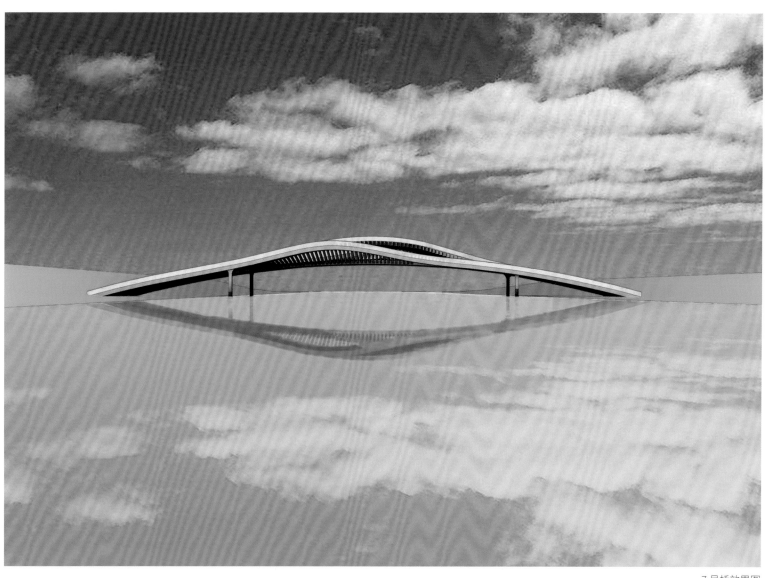

7 号桥效果图

3.2 公众组获奖名单

一等奖：

作品名称：红色绸带

参赛人／参赛团队：贾文钊、蔡哲理、黄雨哲

二等奖：

作品名称：白洋淀——渔舟唱晚

参赛人／参赛团队：康震、呼和满达

作品名称：海市蜃楼

参赛人／参赛团队：姜齐冰、蒋琏、秦颖、何承祐

三等奖：

作品名称：穿梭智慧长廊

参赛人／参赛团队：孙鹏、陈红真、金玮

作品名称：下一座桥

参赛人／参赛团队：翟珂、乔博

作品名称：苇淀 同游

参赛人／参赛团队：焦驰宇、李春青、乔宏、王广哲、刘洋

优秀奖：

作品名称：科创带 生态廊

参赛人／参赛团队：翟百君、王熊、赵越超

作品名称：惊鸿

参赛人／参赛团队：袁佳、王一迦、刘海涛、唐瑶

作品名称：雄安桥梁设计方案

参赛人／参赛团队：孙翔、吴盈佳

作品名称：雄安太阳能系列桥梁设计方案

参赛人／参赛团队：Ding Tao Feng、刘谦、于赫

作品名称：行游诸华之乾

参赛人／参赛团队：周海飞、王玥、尹沁雪、刘源科、包阳

最佳组织奖：

获奖单位：雄安城市规划设计研究院有限公司

最佳创意奖：

作品名称：红色绸带

参赛人／参赛团队：贾文钊、蔡哲理、黄雨哲

参与奖：

作品名称：鲲鹏展翅

参赛人 / 参赛团队：马水静

作品名称：盛世之音

参赛人 / 参赛团队：柴小鹏、温泉

作品名称：圆舞曲

参赛人 / 参赛团队：张文

作品名称：链桥

参赛人 / 参赛团队：欧仁伟、谢金容

作品名称：行走在云端

参赛人 / 参赛团队：孙鹏、陈红真、金玮

作品名称：畿辅水乡·景观文化·承古为新·创造未来

参赛人 / 参赛团队：李春青、张曼、赵泽阳、李博玄、刘圣楠

作品名称：雄安桥梁设计方案征集

参赛人 / 参赛团队：朱洪栋、邹晔晔、汪勤、张轶东、朱佳君

作品名称：隐云行：云挽新月坠，淀波吹芦飘

参赛人 / 参赛团队：刘通

作品名称：LONG

参赛人 / 参赛团队：Weill Jean-Marc 威尔·让·马克、Zhao Yanni 赵燕妮、Ingold Pradel Léa、Mihaylov Momchil

作品名称：生态魔方

参赛人 / 参赛团队：刘海涛、唐瑶

作品名称：霞光

参赛人 / 参赛团队：袁佳、王一迦、刘海涛、唐瑶

作品名称：朝凤桥

参赛人 / 参赛团队：田维军

作品名称：神奇的太极环

参赛人 / 参赛团队：孙鹏、陈红真、金玮

作品名称：慢行"鱼"桥

参赛人 / 参赛团队：张楠

作品名称：星灿桥

参赛人 / 参赛团队：吕磊、李娟

作品名称：蓝绿廊

参赛人 / 参赛团队：翟百君、王熊、赵越超

作品名称：息桥

参赛人 / 参赛团队：黄哲语、刘宏卿、关晓玉

作品名称：飞天桥

参赛人 / 参赛团队：陈丹、杨硕、王利宇、马学振

作品名称：日出·雄安

参赛人 / 参赛团队：向卫、唐全民

作品名称：玥带桥

参赛人 / 参赛团队：王学楠

专家点评 第四章

本次征集活动，专业组与公众组分别邀请了建筑、规划、景观和桥梁
等专业领域的权威专家组成专家组，以独立打分的形式进行评审。本章节
选了专家对部分优秀作品的点评。

4.1 专业组专家点评

本次专业组征集活动分为启动区 A 组、启动区 B 组、容东组和昝岗组四个组别开展。专业组设置一轮中期汇报环节，以便总结各家应征单位方案中的共性问题，对其下一步方案调整深化出具指导性意见。在最终的评审环节，各组别特邀 7 名建筑、规划、景观和桥梁等专业领域的权威专家组成专家组，以独立打分的形式对四个组别分别进行评审。

专业组评审委员会组成如下。

专家姓名	工作单位	职务	专业
党辉军	北京市建筑设计研究院有限公司	副总建筑师	建筑
朱祥明	上海市园林设计研究总院有限公司	名誉董事长 全国工程勘察设计大师	景观
石崧	上海市规划和自然资源局	总规处副处长	规划
赵元超	中国建筑西北设计研究院有限公司	总建筑师 全国工程勘察设计大师	建筑
杨 凡	华侨城华东集团	总建筑师	建筑
周莹常	北京中联环建文建筑设计有限公司	上海分公司总经理	建筑
张 斌	致正建筑工作室	主持建筑师	建筑
祝晓峰	山水秀建筑事务所	创始合伙人	建筑
焦驰宇	北京建筑大学	科技处副处长	桥梁
徐利平	同济大学土木工程学院桥梁工程系	教授	桥梁
程 愚	同济大学建筑设计研究院（集团）有限公司	副总工程师	建筑
顾力天	杭州园林设计院股份有限公司	二院院长	景观
程朝晖	天津市建筑设计院	总承包工程处执行总建筑师	建筑
栗 新	上海市建工设计研究总院有限公司	首席总工程师	结构

评审专家组对于各应征单位在目前全球疫情的形势下，克服无法集中办公的困难，在短短 2 个月的时间内完成了全部成果要求的深度和内容表示了肯定。评审专家组一致肯定了本次征集的组织安排和设计成果质量，认为达到了预期的征集目的，各应征单位均细致地研究了上位控详规和城市设计方案，针对各组别内的桥梁提出了美观性与功能性结合的设计方案。

节选各组别部分专家点评如下。

一等奖：北京市市政工程设计研究总院有限公司、West 8 urban design & landscape architecture B.V.

方案对于启动区的控详规划和城市设计有着非常深刻和独到的把握，突破了桥梁本身，真正做到了桥梁复合体的设计，给桥梁叠加了交通、休闲、观景、标志性、生态性等多重功能，符合雄安城市的建设要求。在良好的工作基础上，方案就车行桥提出的六组桥梁类型就显得顺理成章、合情合理。六组桥梁，无论是社区环境中的三座桥，还是城淀界面的三座桥，方案整体设计与环境的高度融合性这一特点在所有团队中是最为突出的一个。

在个体方案上，社区组的桥梁慢行分离和垂直绿化的表达，城淀界面的门户和灯塔设计出发点，绿环组的涵洞考虑以及文化街区的滨水舞台，包括文化路径的万步花桥，乃至最后的荷叶回廊桥的设计，设计方几乎每一个桥梁设计方案都能给人很大的想象力，这是非常难能可贵的地方。整体的设计调性非常符合启动区 A 区的城市定位和形象。

二等奖：Wilkinson Eyre Asia Pacific Limited

在上位规划和设计分析的基础之上，以桥梁所在的城市道路来划分桥梁分组的方式较合理。按照道路等级及在城市中的地位来定位桥梁，重点突出。所有桥梁的设计都是在融入环境、衔接慢行系统、增加桥梁符合功能的基础思路上展开的，整体桥梁设计均比较好。

方案设计特别注重桥与桥之间的视觉关系和连贯性，并据此将 20 座桥梁划分为不同组别，这种"分组联桥"的分析角度一以贯之，成为整个成果的基础立脚点。同时方案对于周边环境的分析很有特色，体现出一种明显的序列性视角。高低结构、主角配角、张扬与融合等有序、有韵律的配合，表现了圆舞曲的旋律。

启动区专业组 B 组

一等奖：刘宇扬工作室有限公司、上海市政工程设计研究总院（集团）有限公司

方案将桥梁作为城市活动的"场所"，对相关城市元素、景观元素、场地元素分析详尽，提出合理的桥梁分组。并据此提出以静观动、借景对景、小中见大、桥桥有景的思路，用"谷川十景"来串联 19 座桥的设计理念，以律动的音乐之美设计桥梁。桥的设计比较谦逊，体现了较好的城市设计整体性。

方案在明确预应力钢筋混凝土的基础结构之上，从中国传统元素中提炼设计要素，注重对中华文化的弘扬，很好地处理了美学与力学的平衡。

桥梁组合之间的呼应关系、关于智能化处理的四个维度以及模板化是方案的亮点，使得整体方案很完整和可行。

启动区专业组 B 组

二等奖：Frederic Rolland International、玛博（北京）建筑结构设计咨询有限责任公司

针对所在城市区位，方案把桥分为三座标志性桥梁、十一座景观桥梁和人行桥上桥的策略正确，根据不同的地理位置采取拱、台、堰、廊等的设计手法也合情合理，三类桥梁的造型设计整体造型显得非常轻巧、灵动和有创意；而且在设计中充分从人的活动的角度考虑到桥上桥下空间的步行连通。整个设计认真深入，提供了不同的设计思路。

设计单位将设计地块与欧洲典型城市的桥梁设计作出的比较，角度新颖，也给业主方很多启发。

容东专业组

优胜奖：华东建筑设计研究院有限公司、AS+P Albert Speer+Partner GmbH

方案对上位规划城市设计解读较清晰，文化概念与设计理念结合得有特色。以六大要素统领片区桥梁设计的整体性思路，从使用场景、通行需求、空间尺度、材质风貌、观赏视角、生态环境六个方面很好地平衡了桥梁设计的各方面关系。桥梁造型和功能与周边城市功能紧密联系，形成方案设计逻辑。

设计方案结合容东的城市功能地位，提出"归隐、欢聚、相逢"三种桥梁类型划分，每一类型内的桥梁方案之间的呼应性，是方案的一大特色。

设计桥梁造型为"流水飞鸟"，与环境整体融合度较好。结合桥梁使用场景，桥梁装饰改造采用增加一些人行步道的方式，沟通了桥面与绿地的联系，既增设桥梁功能，又丰富桥梁造型。

昝岗专业组

优胜奖：上海林同炎李国豪土建工程咨询有限公司、B+H ARCHITECTS CORP.

方案一方面深化了桥梁组合关系的研究，比如从高铁通过的角度分析涞河河谷桥梁很有代入感；另一方面对于所有六座桥的结构、造价和技术经济参数都做了分析研究，整个成果内容完整。

设计单位延续了中期方案对于上位规划的解读到位，基于师法自然的想法，提出的以简约线条为主的设计导向表达也非常清晰。每一个桥梁均做了很优美的精细化设计，造型优美，结构合理。临近白洋淀的雨荷等造型优美，极具标志性。对城市景观有较好呼应。

4.2 公众组专家点评

本次公众组累计收到 153 组设计作品，特邀 7 名建筑、桥梁、城市设计等领域的权威专家组成专家组以独立打分的形式进行评审。

公众组评审委员会组成如下。

专家姓名	工作单位	职务	专业
党辉军	北京市建筑设计研究院有限公司	副总建筑师	建筑
石崧	上海市规划和自然资源局	总规处副处长	规划
周莹常	北京中联环建文建筑设计有限公司	上海分公司总经理	建筑
龙佩恒	北京建筑大学	土木学院副院长	桥梁
徐利平	同济大学土木工程学院桥梁工程系	教授	桥梁
刘晓嫣	上海市园林设计研究总院有限公司	副院长	景观
孙政	上海东岸投资（集团）有限公司	浦江事务协调部副主任	规划

评审专家对公众组竞赛参赛作品的整体质量给予了肯定，表示设计师 / 设计团队都仔细研究了《河北雄安新区规划纲要》以及竞赛活动《设计任务书》的要求，整体设计水平都较高，较好地体现了设计原创性、环境融合性、桥梁功能性等特点。

节选部分专家点评如下。

红色绸带

这是针对 7 号桥展开的方案设计，其作品特色在于以极为完整的表达形式使功能性与设计性取得了较好的统一。通过三条链接将步行和单车予以区分，并以跌水式的台阶设计配以流线型的桥梁造型，形成鲜明的绸带动感。在此基础上，作品进一步从结构分析、功能分析、景观分析三个层面做了系统阐述。无论是成果的完整性还是设计和功能的协调统一，都显示出高人一筹的设计水平和把控能力。

观景、休憩平台的设置颇具创意。

能够契合雄安新区未来发展方向，桥梁方案造型具有一定的创新性，桥梁结构设计合理。

红色绸缎自然飘逸形成的人行桥桥体。

白洋淀——渔舟唱晚

吸引我视角的最主要因素在于作品的平衡性，一方面通过桥面曲线的调整更好地平衡了景观桥和周边城市肌理的空间关系；另一方面则在现代建造技术和乡土文化元素间在努力寻求一种平衡，相对简洁的柱索结构很好地彰显出白洋淀江南水乡的渔网、撑杆的意向。

设计造型流畅、轻盈，具有时代精神，且造型与传统的白洋淀渔淀风光相呼应，对传统予以传承。

海市蜃楼

　　整体造型简洁一体，中间连接处的大平台以及绿化设置，使之成为人们停留交往的空间。

　　巧妙地利用了经典三角拱的原理形成一个多方位成景的水上长虹，中心处的桥上公园也是这个设计的亮点。这种突破上位规划，从力学角度出发的思维方式，本人非常欣赏，设计师根据环境，度身定制了这座桥，凸显其原创性。

苇淀 同游

　　这一作品的最大特点在于其更近似于一套完整的桥梁设计方案，在对新区的整体解读的基础上，选取了"生态苇淀"这一主题来统领桥梁的设计构思，通过梁、拱、悬、索、吊等桥梁构件的创新性表达来体现白洋淀华北水乡的独有地域文化特质。

📍 对其他获奖作品的点评（节选）

下一座桥

这一作品很好地考虑到新区桥梁桥下空间常年以滩涂湿地为主的景观特色，以巧妙的构思处理好桥上桥下的空间，形成通行空间—游憩空间—风雨长廊的空间梯度，这也让整体设计显得格外灵动，体现出极好的亲水性。

📍 对其他获奖作品的点评（节选）

穿梭智慧长廊

用成熟的、简单的变截面连续钢梁为支撑体系，利用人行道的边界来丰富桥梁的造型，将简单平实的拱桥设计成造型独特优美、有空间变化的桥梁是这个设计的巧妙之处，同时带来了人行道的丰富变化空间，将简单通行功能变为与车行道彻底分离的揽胜功能，很有意义。运用建筑上不可能出现的管道式尺度空间，带给人们全新的空间体验，本人认为是一个有意思的方案。

对其他获奖作品的点评（节选）

惊鸿

　　该作品可能是所有公众组设计作品中给我留下最为深刻印象的一个设计，诚如其在方案中所说的舒展、优雅。位于东西轴线上的 1 号桥，又面向白洋淀的淀泊风光，整体造型呈现出一种轻巧灵动的未来感，平衡和舒展的中式美学在桥梁上的表达，实在是不可多得的设计佳作。可以想象当夜间灯光亮起，这里将留下白洋淀边的惊鸿一瞥。

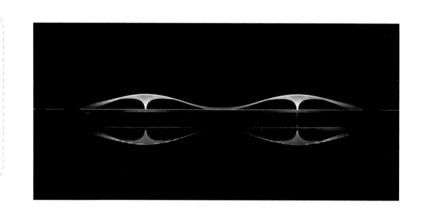

对其他获奖作品的点评（节选）

科创带 生态廊

　　该作品是一个成系列的桥梁设计，在此类报名作品中，该系列较为突出的特色就是桥梁设计造型的创意性非常强。该组作品中，给人留下比较深刻印象的是 1 号桥梁的非对称斜拉索设计、6 号和 10 号桥梁的海浪纹理设计、4 号桥梁的连绵山峰设计，整体的风格呈现一种轻巧和灵动的格局，在成组作品中有占较高比例的佳作，实属难得。这是我推荐该作品入围的最主要因素。

千年大计、国家大事。